红鳍东方鲀的性别分化及性别控制机制研究

闫红伟　著

中国农业出版社
北　京

前 言

FOREWORD

在进化过程中，鱼类形成了多种生殖策略，包括雌雄异体、雌雄同体和单性群体，以适应不同的环境条件。鱼类的性别决定及分化更是复杂多样，涵盖了脊椎动物已知的所有性别决定类型，且存在天然性反转等独特的性别分化方式。这种性别决定的多样性为鱼类的繁殖和育种提供了丰富的遗传基础。此外，由于很多鱼类的雌、雄个体之间生长具有差异或者市场价格不同，因此，对其实行性别控制育种是鱼类遗传育种领域的重要研究方向。

红鳍东方鲀肉质鲜美、口感细嫩、营养丰富，在日本、韩国市场深受喜爱。中国作为最大的河鲀出口国，仅红鳍东方鲀每年向日本、韩国出口高达 2 000～3 000 吨，河鲀产业快速发展带来了巨大经济和社会效益。“大连河鲀”作为大连市继“大连海参”“大连鲍鱼”之后第三个国家地理标志保护产品，具有很强的地域性，已成为大连旅游特色海产品名片之一。虽然雌、雄红鳍东方鲀的生长速度没有差异，但是出口商品鱼的市场价格却差异甚大，雄鱼价格更高。因此，单性养殖一直备受期待，一旦单性养殖得以实现，就可以利用雄鱼的价格优势，提高养殖企业的产值和效益。鉴于河鲀的经济价值和市场前景，阐明河鲀性别决定和性别分化机制，进而建立性别控制技术、实施全雄鱼养殖模式，对促进产业蓬勃发展具有重要意义。

本书是对笔者团队在红鳍东方鲀相关研究方面获得成果的系统整理和分析。全书共分五章，详细介绍了红鳍东方鲀性别未分化时性腺与脑内性别分化相关基因的筛选与鉴定，以及性类固醇激素、甲状腺激素、皮质醇对性别分化的影响等。谨希望这些工作能为从事相关研究的专家学者提供帮助。

本书相关内容的研究得到了“十三五”国家重点研发计划（2017YFB0404000）、国家自然科学基金（31902347）、辽宁省教育厅科研项目（JL201904、LJKMZ20221092）、辽宁省科技计划项目（2022-MS-351）、大连市科技人才创新支持项目（2019RQ130）等项目经费的支持。感谢在研究过程中给予笔者指导和帮助的各位专家学者；也感谢笔者指导或协助团队指导过的博士研究生和硕士研究生：沈旭芳、袁震、崔鑫、姜洁明、吴禹濛、张琦、高蕊、王佳、周慧婷、胡明涛等，感谢他们在研究过程中的辛勤付出和努力。

本书适合高等院校水产养殖、水生生物学等专业的本科生和研究生学习使用，也可供从事水产养殖方面的科研、教学等人员，以及相关水产企业从业者参考。

由于著者研究水平有限，书中难免有不足之处，恳请各位读者批评指正。

著　者

2024年12月于大连海洋大学

目　录

CONTENTS

第一章

红鳍东方鲀性别分化相关基因的筛选与鉴定

性别是最普遍的生物学现象，大多数脊椎动物为雌雄异体，且在形态、生殖策略和行为上存在显著的雌雄两性性别差异，也使生命变得复杂而精彩。有性生殖动物性别的形成包含两个相互联系又有所区别的阶段：性别决定与性别分化。性别决定是指决定未分化性腺向精巢方向发育，还是向卵巢方向发育的过程；性别分化则是指建立功能型性别、性别二态型和次级性征的所有形态和生理变化。长期以来，性别决定及分化机制的解析一直是生命科学研究的重大命题之一，动物性别决定被誉为演化生物学中的“皇后科学问题”（周林燕等，2004；梅洁和桂建芳，2014；陶彬彬和胡炜，2022）。自然界中已记录认识的鱼类共约 35 000 种，作为脊椎动物中最大的一个类群（其物种数量在已知的脊椎动物中占了 1/2 以上），既在动物系统演化中处于承前启后的地位，又几乎涵盖了脊椎动物所有的生殖类型，同时其性别决定机制和性别分化呈现出多样性。因此，鱼类性别差异和性别决定的遗传基础及其机制研究一直广受关注，可为相关研究提供丰富的材料，阐明鱼类性别决定和分化机制可以更好地理解整个脊椎动物类群的性别决定和分化机制乃至进化途径。更为重要的是，许多鱼类在生长、繁殖、形态上存在雌雄差异。养殖生产上，如果对鱼类的性别进行控制进而培育单性群体，可以大幅提高水产养殖的经济效益。因此，阐明鱼类性别决定及分化机制并以此为基础进行性别控制育种、培育优良品种具有重要意义（陈松林，2013；张全启等，2019）。

鉴于鱼类性别决定研究在理论和实践中均具有重大意义，国内外科研人员在多种模式和经济鱼类中相继展开大量研究，已经取得了一系列突破性的进展。一般认为，鱼类未分化的性腺最初具有向精巢或卵巢发育的双向潜能，当性别决定的“总开关”通过性别决定基因起始后，一类保守的性别决定和分化的遗传网络随之激活。研究发现，在不同的鱼类，其位于最上游的性别决定基因不尽相同，而性别决定通路中游或者下游与性别分化和性腺发育相关的基因却具有保守性。例如，*dmrt1* 和 *gsdf* 等通常参与精巢发育和精子发生过程；*foxl2* 和 *cyp19a1a* 等对卵巢发育和卵子发生至关重要。研究人员将这一现象称为“masters change，slaves remain（换主不换仆）”（Nagahama 等，2021）。

然而，Herpin 等（2013）基于对青鳉的研究提出性别分化的分子机制并非如前人所认为的那么保守。因此，为了进一步解释鱼类和其他脊椎动物性别决定及分化的复杂机制，需要筛选出更多性别相关基因。

红鳍东方鲀隶属鲀形目、东方鲀属，主要分布于我国沿海、朝鲜半岛及日本沿海区域。它肉质鲜美、口感细嫩、营养丰富，在日本、韩国市场深受喜爱，是河鲀中最名贵的一种。中国作为最大的河鲀出口国，仅红鳍东方鲀每年向日本、韩国出口高达 2 000～3 000 t，有力地促进了国内河鲀产业链发展，带来了巨大经济和社会效益（马爱军等，2014）。在我国北方，红鳍东方鲀是海水养殖的首选和出口创汇的优势水产品之一。在中国，河鲀的精巢是河鲀身体内毒素含量最低的器官，被视为美味，虽然雌雄红鳍东方鲀的生长速度没有差异，但是出口商品鱼的市场价格却差异甚大，精巢的市场价格已达到 1 400 元/kg，且红鳍东方鲀的生殖腺指数很高，特别是在繁殖季节，生殖腺占体重的 20%～30%。因此，养殖雄鱼的效益约是雌鱼的 2 倍，单性养殖一直备受期待，一旦单性养殖得以实现，就可以利用雄鱼的价格优势，提高养殖企业的产值和效益（陈松林，2013）。2016 年 9 月 7 日，农业部办公厅、国家食品药品监督管理总局联合发布了《关于有条件放开养殖红鳍东方鲀和养殖暗纹东方鲀加工经营》的通知，意味着国内河鲀消费市场也将逐步打开。鉴于河鲀的经济价值和市场前景，阐明河鲀性别决定和性别分化机制，进而建立性别控制技术、实施全雄鱼养殖模式，对促进产业蓬勃发展具有重要意义。此外，红鳍东方鲀的基因组具有小而紧凑等特点，对于脊椎动物进行基因发掘和功能预测等分析也将起到很好的参考作用。同时，红鳍东方鲀为 XX/XY 性别决定系统，其性别决定的上游基因为 *Amhr2*（Kamiya 等，2012；Matsunaga 等，2014），其性别分化的过程易受到温度和激素处理等的影响（刘永新等，2014）。因此，无论对于未来河鲀养殖业上转变养殖模式，还是解读鱼类的性别决定及分化机制，阐明红鳍东方鲀的性别决定及分化机制的研究是目前亟待解决的科学问题。目前，在其性别决定及分化的分子机制方面已经取得了一些成果。例如，Yamaguchi 等（2006）明确了其性腺发育过程及 6 个 *dmrt*（*dmrt1*、*dmrt2a*、*dmrt2b*、*dmrt3*、*dmrt4* 和 *dmrt5*）基因在性腺发育过程中的表达模式；Rashid 等（2007）发现了芳香化酶 cyp19a 和内源性性激素在性腺性别分化和性腺发育中的作用。国内外学者都发现其性别分化的过程易受到温度和激素处理等的影响（Lee 等，2009a；Lee 等，2009b；刘永新等，2014）。尽管如此，对其研究也多集中在性别分化相关的保守基因上，关于性腺性别分化的分子调控网络的了解并不深入。

第一节　红鳍东方鲀未分化性腺中性别差异基因筛选与鉴定

使用RNA-seq鉴定参与性腺分化和性腺发育的基因表达谱有助于阐明鱼类性别分化和性别维持有关的基因调控网络。在过去的二十几年里，高通量测序技术的发展和应用，使人们更容易地筛选不同性状之间的差异表达基因。在以往的研究中，科研人员使用转录组测序技术分析和鉴定了大量鱼类的性别差异表达基因（Salem等，2010；Zhang等，2011；Sun等，2012，2013；Tao等，2013；Ribas等，2013；Fan等，2014；Chen等，2015a；Chen等，2015b；Pan等，2015；Xu等，2016；Xu等，2021；Wang等，2023）。然而，很少有研究关注早期性别分化阶段的雌雄性腺的基因表达谱差异，这是因为仅能在少数鱼类能获得全雄或全雌鱼单性群体，或者采用可靠的分子标记来鉴定遗传性别。更为重要的是，从幼鱼体内解剖并采集微小的性腺组织较难操作。在分子性别分化阶段的关键时期，筛选并鉴定性腺中具有雌、雄差异表达的mRNAs将有助于阐明早期性别分化过程中的分子调控网络，并为性别相关基因在性腺性别分化过程中功能研究提供重要基础。

Yamaguchi等（2006）研究发现，在日本地区养殖的红鳍东方鲀的性别分化发生在孵化后28～42 d。胡鹏等（2015）研究发现中国地区红鳍东方鲀的精巢和卵巢的分化也并不同步，精巢分化开始于孵化后40～82 d，卵巢的分化发生在61～103 d。本部分以孵化后60 d和90 d的红鳍东方鲀幼鱼为研究对象，对其进行了转录组学分析，并构建了雌、雄性腺的基因表达谱。采用qPCR定量分析了孵化后30 d和40 d雌性和雄性红鳍东方鲀幼鱼性腺中的候选基因的表达水平。研究结果将有助于今后更好地理解红鳍东方鲀早期性别分化过程的分子调控机制，并为后续相关研究奠定理论基础。

一、雌、雄未分化性腺中性别差异表达基因的筛选

实验用红鳍东方鲀幼鱼样品购自大连天正实业有限公司。将实验用幼鱼运至实验室后在100 L养殖桶内进行养殖，所用海水为经高位池沉淀和砂滤池过滤处理之后的海水。养殖水温20 ℃左右，盐度30左右，使用充气泵充气，养殖水环境中的氧含量维持在＞8 mg/L。使用40 W水产养殖专用LED灯，光强0.5 W/cm^2，光周期为12 h光照：12 h黑暗。所有的养殖设施和用品都做常规消毒。红鳍东方鲀幼鱼每天投喂基础饲料5次，每次投喂至饱食。每日上午9时和下午6时各换水一次，每次换水70 L，换水时收集并统计幼鱼每日的

死亡尾数。采集孵化后 60 d 和 90 d 红鳍东方鲀幼鱼的性腺样品用于 Illumina 测序。具体操作：幼鱼被麻醉后，在解剖镜下进行解剖；使用 RNAlater 固定液固定性腺组织后，用镊子解剖取出性腺组织（$n=80$）；将每条红鳍东方鲀幼鱼的性腺分别放入装有 20 μL RA1 和 0.4 μL TCEP 混合液（NucleoSpin RNA XS 试剂盒，Macherey - Nagel，德国）的 1.5 mL 离心管中，然后立即保存在−80 ℃冰箱中，直至用于 RNA 提取；同时，将每条幼鱼的部分组织保存在无水乙醇中，存放在−20 ℃冰箱，用于性别鉴定。

用于提取 DNA 并进行性别鉴定的鱼体组织，首先用蛋白酶 K 处理（55 ℃）2 h，然后使用 TIANamp Marine Animals DNA 试剂盒，按照生产商说明书提取基因组 DNA。为确定 *amhr2* 第 9 外显子上 SNP 的基因型，使用 SD3exon8F（5′- CAGATGCACACAAACCACCT - 3′）和 SD3exon10R（5′- TCCCAGTGTTGCG GTATGTA - 3′）引物序列扩增含有外显子 9 和侧翼内含子的区域基因，使用 rTaq 聚合酶进行扩增。循环条件（35 个循环）：94 ℃，30 s；58 ℃，30 s；72 ℃，1 min。PCR 产物的测序委托生工生物工程股份有限公司。如果 *amhr2* 基因的 SNP 位点是杂合型，则对应个体为雄性。外显子 9 的 SNP 位点为 C/C，则遗传性别为雌性；当该位点为 C/G，则遗传性别为雄性。测序后，将性别相同的幼鱼性腺混合后用于 RNA 提取（10 个性腺/性别），使用 NucleoSpin RNA XS 试剂盒，按试剂盒说明提取性腺组织总 RNA。

使用 NanoDrop ND - 1000 分光光度计和 Agilent 2100 生物分析仪检查 RNA 完整性和浓度。RNA 样品经检测合格后，进行 cDNA 文库的构建，使用 Illumina HiSeq2500 高通量测序平台测序（百迈客生物科技有限公司，中国）。主要过程：首先用 NEBNext Poly（A）mRNA Magnetic Isolation Module分离 mRNA，使用 NEBNext Ultra RNA 和 NEBNext Multiplex Oligos 试剂盒构建 cDNA 文库。利用 Oligos 磁珠富集 mRNA，将富集到的 mRNA 进行片段化成 200 bp 左右的短片段，用于合成 cDNA 的第一条链和第二条链。将纯化后的 cDNA 进行末端修复和测序接头连接，用 Agencourt AMPure XP beads 回收目的大小片段，PCR 扩增，完成 cDNA 文库的制备工作。最后，利用 Illumina HiSeq2500 平台进行测序。高通量测序平台产生的 Reads（碱基）(Raw Data)。大多数情况下 Raw Data 会包括低质量的 Reads。为了保证数据的高质量，在信息分析前对低质量序列进行质量控制和预处理。通过质量控制和预处理后所获得的高质量 Reads（Clean Data）。利用组装软件 Trinity 对获得的高质量测序数据进行序列组装。从 Ensembl 网站（ftp://ftp.ncbi.nlm.nih.gov/genomes/all/GCF _ 000180615.1 _ FUGU5）下载红鳍东方鲀的参考基因组和基因数据信息，使用 TopHat2 软件将每个文库的 Clean Reads 与参考基因组进行比对分析（Kim 等，2013），通过 Cufflinks 进行装配，获取在参考基因组或基因上的位置信息以及测序样品特有的序列特征信息，并根据参考基因组进行注释。

对孵化后 60 d 和 90 d 的雌性和雄性红鳍东方鲀性腺进行测序，共得到 115 681 647 个 Raw Reads。将 Raw Reads 上传至 NCBI 的 Short Read Archive 中，获取号分别为：SRR5816364、SRR5816365、SRR5816366 和 SRR5816367。过滤出低质量 Reads 后，总共得到 112 504 991 个 Clean Reads（孵化后 60d 的精巢：28 989 545 个；孵化后 60d 的卵巢：26 348 411 个；孵化后 90d 的精巢：28 552 069 个；孵化后 90d 的卵巢：28 614 966 个）。来自 4 个文库的所有 Clean Reads 中，有 173 638 119（77.17%）个与基因组匹配。剩下的 22.83% 与基因组不匹配。在红鳍东方鲀性腺中总共发现 23 810 个基因表达。测序数据统计如表 1－1 所示。

表 1－1　红鳍东方鲀性腺转录组测序及 mapping 结果的统计

样品	精巢（60 dah）	卵巢（60 dah）	精巢（90 dah）	卵巢（90 dah）
Raw Read 数量（个）	29 744 944	27 223 273	29 262 306	29 451 124
Clean Read 的数量（个）	28 989 545 （97.46%）	26 348 411 （96.79%）	28 552 069 （97.57%）	28 614 966 （97.16%）
Clean Read 的总长（bp）	7 305 365 340	6 639 799 572	7 195 121 388	7 210 971 432
比对上的 Read 数量（个）	45 830 874 （79.05%）	40 890 304 （77.60%）	43 509 516 （76.19%）	43 407 425 （75.85%）
比对到基因组单一位置的 Read 数量（个）	44 147 379 （76.14%）	39 668 292 （75.28%）	41 765 967 （73.14%）	41 983 448 （73.36%）
比对到基因组多个位置的 Read 数量（个）	1 683 495 （2.90%）	1 222 012 （2.32%）	1 743 549 （3.05%）	1 423 977 （2.49%）

注：dah 为孵化后天数

通过 BLASTX 将测序得到的基因与 NCBI（National Center for Biotechnology Information）、Nr（Non－redundant protein）、SwissProt、KEGG（Kyoto Encyclopedia of Genes and Genomes）、GO（Gene Ontology）、COG（Cluster of Orthologous Groups of proteins）、KOG（Kyoto Encyclopedia of Genes and Genomes Orthology Groups）、EggNOG（Evolutionary Genealogy of Genes：Non－supervised Orthologous Groups）、Pfam 9 个数据库比对，其中 Cutoff E Value 设定为 10^{-5}。此外，还使用 BLASTn 将基因在非冗余核酸序列（Nt）数据库进行检索比对，Cutoff E Value 设定为 10^{-5}。利用 Blast2 GO 软件进行 GO 注释，并使用 TopGo 进行富集分析（Conesa 等，2005）。序

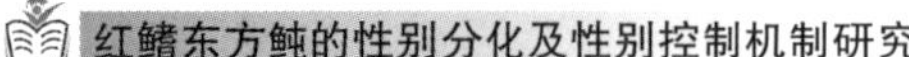

列也进一步与 COG 和 EggNOG 数据库进行比对，并对基因序列进行功能预测和功能分类。利用 Perl script 进行 KEGG 通路的富集，对基因产物在细胞中的功能及其代谢途径进行系统分析。

通过将序列与 COG、GO、KEGG、KOG、Pfam、SwissProt、EggNOG 和 Nr 数据库比对，对 23 810 个基因进行注释分析。分别注释得到 7 154（30.05%）个、9 971（41.88%）个，6 024（25.30%）个、16 146（67.81%）个、610（2.56%）个、15 813（66.41%）个、22 154（93.04%）个和 22 901（96.18%）个基因，共计获得 22 922（96.27%）个注释基因（表 1-2）。

表 1-2　注释结果统计

数据库	COG	GO	KEGG	KOG	Pfam	SwissProt	EggNOG	Nr	Total
注释基因数量（个）	7 154	9 971	6 024	16 146	610	15 813	22 154	22 901	22 922

对性腺中表达的基因的功能进行 GO 分类，结果如图 1-1 和图 1-2 所示。基因主要富集在细胞组分（cellular component，CC）、分子功能（molecular functions，MF）和生物过程（biological process，BP）中的 58 个 GO

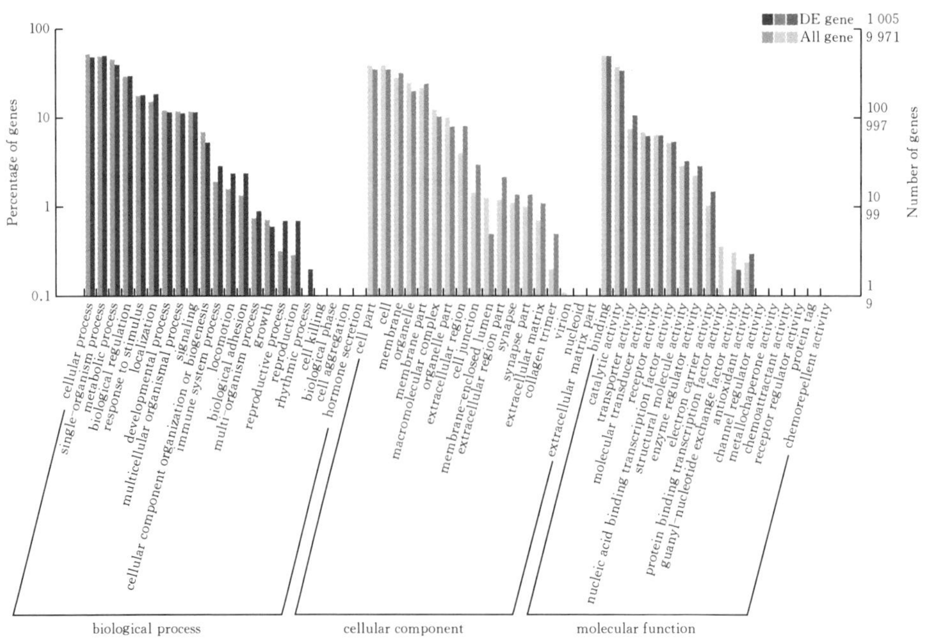

图 1-1　孵化后 60 d 的红鳍东方鲀性腺中（All gene）和差异表达基因（DE gene）的 GO 富集分析结果

term 中。在 CC 中，基因主要富集在细胞成分（cell part）（3 818 个）、细胞（cell）（3 816 个）和膜（membrane）（2 776 个）3 个 GO term 中。在 BP 中，基因主要富集在细胞过程（cellular process）（5 148 个）、单一生物过程（single - organism process）（4 828 个）和生物调节（biological regulation）（2 872 个）3 个 GO term 中。而在 MF 中，基因主要富集在结合（binding）（4 959 个）和催化活动（catalytic activity）（3 698 个）2 个 GO term。

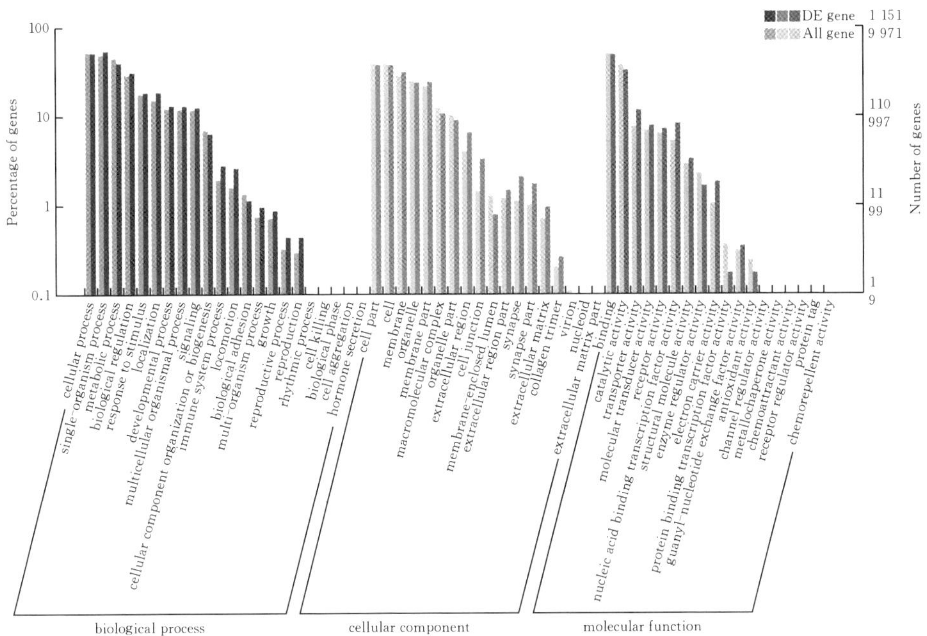

图 1 - 2　孵化后 90 d 的红鳍东方鲀性腺中（All gene）和差异表达基因（DE gene）的 GO 富集分析结果

EggNOG 分析将基因分别注释到 25 个功能类别。主要类别是未知功能的基因（10 107 个基因），其次是细胞内运输（intra - cellular trafficking）、分泌（secretion）和囊泡运输（vesicular transport）（2 705 个基因），翻译后修饰（post translational modification）、蛋白质转换（protein turnover）和分子伴侣（chaperones）（2 069 个基因），转录（transcription）（1 540 个）和信号转导机制（signal transduction mechanism）（1 467 个基因）（图 1 - 3）。

共 14 343 个基因被注释到 187 个 KEGG 通路。基因富集最多的前 10 个通路分别是神经活性配体-受体相互作用（neuroactive ligand - receptor interaction）（ko04080，392 个基因）、内吞作用（endocytosis）（ko04144，374 个基因）、丝裂原活化蛋白激酶信号通路（MAPK signaling pathway）（ko04010，

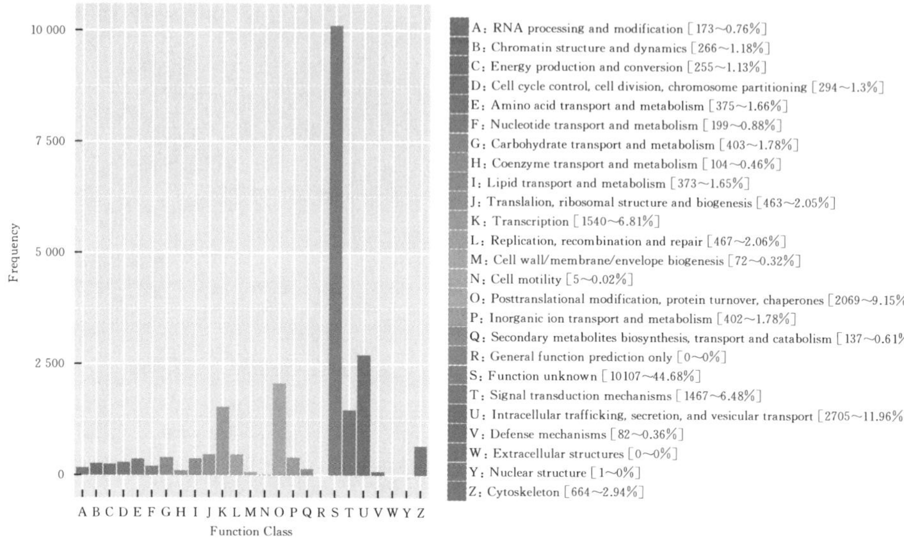

图 1-3　EggNOG 分析结果

337 个基因）、黏着斑（focal adhesion）（ko04510，290 个基因）、调节肌动蛋白细胞骨架（regulation of actin cytoskeleton）（ko04810，283 个基因）、钙信号通路（calcium signaling pathway）（ko04020，267 个基因）、紧密连接（tight junction）（ko04530，242 个基因）、心肌细胞中的肾上腺素信号传导（adrenergic signaling in cardiomyocytes）（ko04261，228 个基因）、嘌呤代谢（purine metabolism）（ko00230，226 个基因）和单纯疱疹感染（herpes simplex infection）（ko05168，211 个基因）。表 1-3 列出了前 28 个 KEGG 通路。

表 1-3　红鳍东方鲀性腺中表达的基因富集的前 28 个 KEGG 通路

通路名称	通路_id	基因数量
Neuroactive ligand-receptor interaction	ko04080	392
Endocytosis	ko04144	374
MAPK signaling pathway	ko04010	337
Focal adhesion	ko04510	290
Regulation of actin cytoskeleton	ko04810	283
Calcium signaling pathway	ko04020	267
Tight junction	ko04530	242
Adrenergic signaling in cardiomyocytes	ko04261	228
Purine metabolism	ko00230	226

（续）

通路名称	通路 _ id	基因数量
Herpes simplex infection	ko05168	211
Cell adhesion molecules（CAMs）	ko04514	206
Protein processing in endoplasmic reticulum	ko04141	203
Fox signaling pathway	ko04068	202
mTOR signaling pathway	ko04150	202
Apoptosis	ko04210	200
Wnt signaling pathway	ko04310	197
Insulin signaling pathway	ko04910	188
Phagosome	ko04145	185
Cytokine - cytokine receptor interaction	ko04060	184
RNA transport	ko03013	172
Cell cycle	ko04110	160
Lysosome	ko04142	157
Ubiquitin mediated proteolysis	ko04120	154
AGE - RAGE signaling pathway in diabetic complications	ko04933	154
Vascular smooth muscle contraction	ko04270	151
Carbon metabolism	ko01200	144
Spliceosome	ko03040	142
Melanogenesis	ko04916	141

雌、雄性腺中的差异表达基因的筛选标准为：False Discovery Rate（FDR）$\leqslant 0.01$ 且 $|\log_2 \text{Fold change}|>1$。在孵化后 60 d 的红鳍东方鲀性腺中，发现了 1 014 个基因在卵巢中上调和 1 570 个基因在精巢中上调（图 1 - 4A）。在孵化后 90 d 的红鳍东方鲀幼鱼中，发现了 1 287 个基因在卵巢中上调和 1 500 个基因在精巢中上调（图 1 - 4B）。

表 1 - 4 列出了在孵化后 60 d 和 90 d 的红鳍东方鲀幼鱼性腺中发现的一些在雄性和雌性高表达的基因：*gsdf*、*bmp15*、*bmp3b*、*tgf* - *β receptor* - *3*、*dmrt1*、*dmrt3*、*sox9a*、*nr5a2*、*star*、*cyp11a1*、*hsd3b*、*cyp11c1*、*cyp17a1*、*cyp17a2*、*sox10*、*cyp2J6* - *like* 和 *wdr35* 在雄鱼性腺中高表达；*foxl2*、*cyp19a1a*、*wnt9b*、*foxD4*、*nqo1*、*foxN5*、*gene12137*、*hsp70*、*gene9439*、*zp3*、*zp4*、*P43*、*tfIIIA* 和 *zf* - *A89* 在雌鱼性腺中高表达。

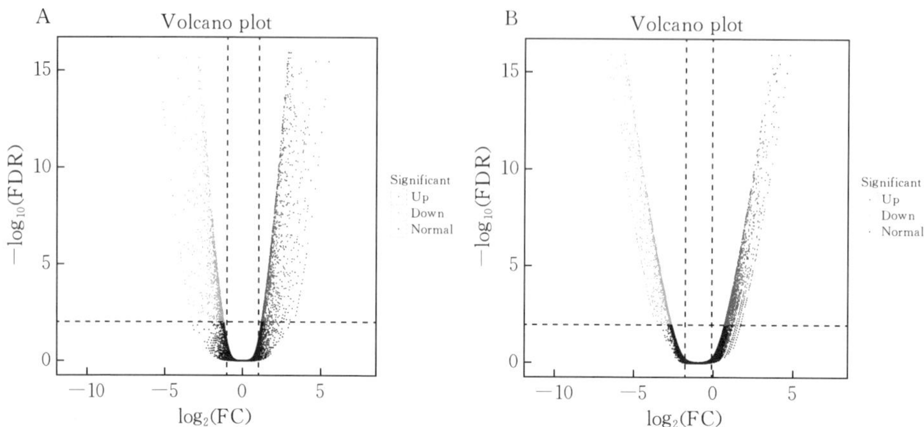

图 1-4　孵化后 60 d（A）和孵化后 90 d（B）红鳍东方鲀卵巢和精巢差异表达基因的火山图示

注：上调代表精巢偏向基因，而下调代表卵巢偏向基因

表 1-4　同时在孵化后 60 d 和 90 d 红鳍东方鲀卵巢和精巢差异表达的代表性基因

基因名称	$\log_2$ Fold change 值（精巢/卵巢）		描述
	60 dah	90 dah	
gsdf	2.04	2.62	gonadal soma - derived factor
bmp15	−1.27	−2.15	bone morphogenetic protein 15
bmp3b	2.54	3.54	bone morphogenetic protein 3B
TGF-β receptor3	1.60	2.48	transforming growth factor beta receptor type 3
dmrt1	6.57	6.91	doublesex - and mab - 2 - related transcription factor 1
dmrt3	4.87	7.00	doublesex - and mab - 2 - related transcription factor 3
sox9a	2.65	2.58	transcription factor Sox - 9 - A
foxl2	−7.34	−5.44	forkhead box protein L2
cyp19a1a	−8.46	−6.65	cytochrome P450 19A1
nr5a2	−1.48	1.72	nuclear receptor subfamily 5 group A member 2
star	4.36	3.11	steroidogenic acute regulatory protein
cyp11a1	1.65	2.67	cytochrome P450 superfamily of enzymes (family 11，subfamily A，polypeptide 1)
hsd3b	2.21	3.11	3 beta - hydroxysteroid dehydrogenase/Delta 5 - ->4 - isomerase

（续）

基因名称	$\log_2$ Fold change 值（精巢/卵巢）		描述
	60 dah	90 dah	
cyp11b	6.49	9.23	cytochrome P450 11B
cyp17a1	1.72	3.67	cytochrome P450 family 17 polypeptide 1
cyp17a2	3.34	3.30	cytochrome P450 family 17 polypeptide 2
wnt9b	−1.70	−2.39	protein Wnt - 9b
foxD4	−6.81	−5.00	forkhead box protein D4
nqo1	−5.16	−9.71	NAD（P）H dehydrogenase [quinone] 1
foxN5	−2.79	−6.92	forkhead box protein N5
sox10	2.10	2.05	transcription factor SOX - 10
gene12137	−7.24	−9.71	uncharacterized protein LOC105417527 [*Takifugu rubripes*]
cyp2J6 - like	3.92	4.81	cytochrome P450 2J6 - like
hsp70	−2.27	−5.24	heat shock 70
gene9439	−10.06	−12.05	uncharacterized protein LOC101071895 [*Takifugu rubripes*]
zp3	−7.80	−11.49	zona pellucida sperm - binding protein 3
zp4	−10.05	−11.83	zona pellucida sperm - binding protein 4
P43	−5.35	−7.78	P43 5S RNA - binding protein
tfIIIA	−6.85	−11.48	transcription factor IIIA
wdr35	3.85	3.13	WD repeat - containing protein 35
zf - A89	−7.85	−11.35	claudin - like protein ZF - A89

注：dah 为孵化后天数

二、雌、雄性别差异表达基因的功能富集分析

对性别差异表达基因进行 GO 和 KEGG 富集分析。孵化后 60 d 和 90 d 的红鳍东方鲀幼鱼性腺中，DEGs 的 GO 富集分析表明，DEGs 分别富集在 BP、CC 和 MF 中的 22 个、18 个和 18 个 GO term 中（图 1 - 1 和图 1 - 2）。在 BP 中，DEGs 主要注释到单一的生物过程（single - organism process）、细胞过程（cellular process）、代谢过程（metabolic process）和生物调控（biologic regulation）4 个 GO term 中。在 CC 中，DEGs 主要富集在细胞（cell）、细胞组成（cell part）、膜（membrane）、器官细胞（organ cell）和膜组成（membrane part terms）中。在 MF 中，DEGs 主要注释到结合（binding）和催化活性

(catalytic activity) 2 个 GO term 中。

图 1－5 和图 1－6 中分别显示了孵化后 60 d 和 90 d 的性腺 DEGs 分布最多的前 50 个通路。在这些通路中，DEGs 主要分布在神经活性配体-受体相互作用（neuroactive ligand－receptor interaction）、钙信号通路（calcium signaling pathway）、丝裂原活化蛋白激酶信号通路（MAPK signaling pathway）和细胞黏附性分子（cell adhesion molecules）中。

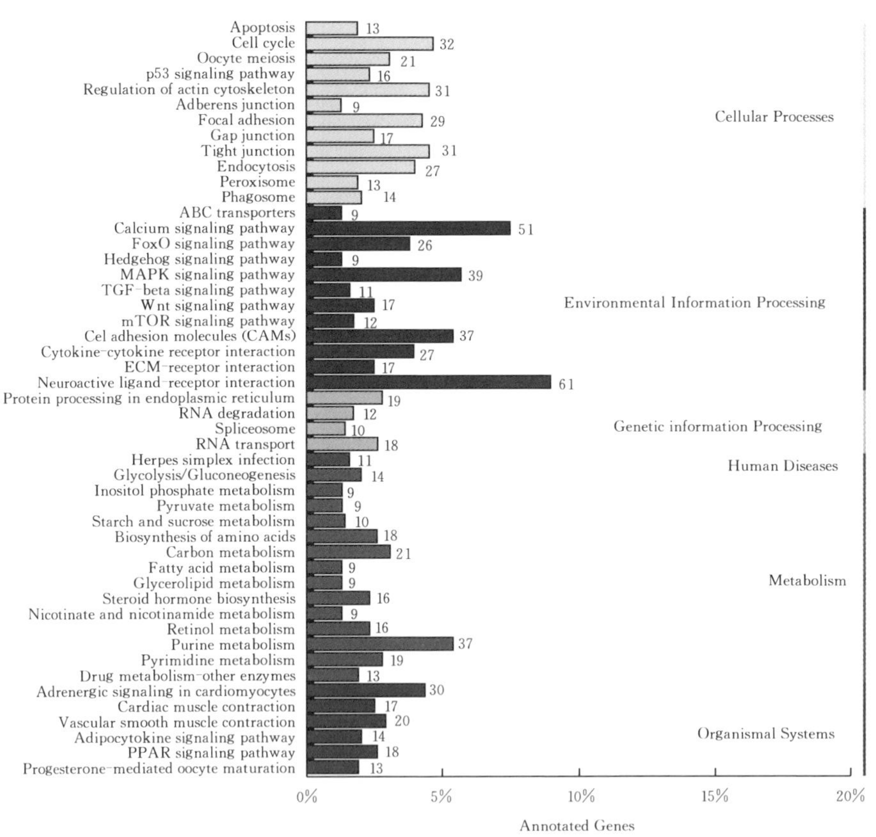

图 1－5　孵化后 60 d 的红鳍东方鲀性腺中差异表达基因的 KEGG 富集分析结果

三、雌、雄性别差异表达基因的表达模式验证

参照前述的方法，采集孵化后 30 d 和 40 d 的性腺和其他部分的鱼体组织。使用 TIANamp Marine Animals DNA 试剂盒提取基因组 DNA。使用 rTaq 聚合酶扩增含有 *amhr2* 外显子 9 和侧翼内含子的区域基因，确定其基因型，用于性别鉴定。PCR 产物的测序委托生工生物工程股份有限公司（中国）。将性

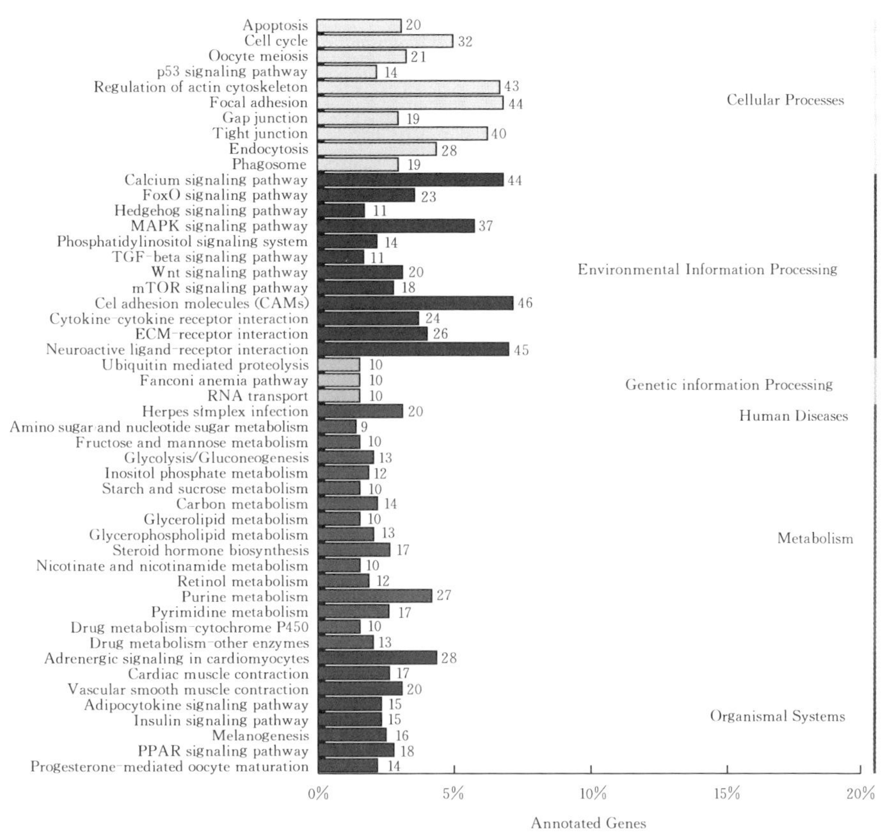

图 1-6　孵化后 90 d 的红鳍东方鲀性腺中差异表达基因的 KEGG 富集分析结果

别相同的幼鱼性腺混合在一起（每个取样时间点、每个性别取 10 个性腺混合），使用 NucleoSpin RNA XS 试剂盒提取性腺组织总 RNA。使用 NanoDrop ND-1000 分光光度计和琼脂糖凝胶电泳检查 RNA 浓度和完整性。

本部分研究筛选了 11 个在自然性分化精巢中高表达的差异基因（*gsdf*、*sox9a*、*dmrt1*、*dmrt3*、*cyp11c1*、*star*、*cyp11a1*、*hsd3b*、*cyp17a1*、*cyp17a2* 和 *nr5a2*）和 4 个在卵巢中高表达的差异基因（*cyp19a1a*、*foxl2*、*wnt9b* 和 *foxD4*）进行 qPCR 验证。使用 Primer Premier 5.0 设计引物（表 1-5）；用 DNA 酶 Ⅰ 预处理的 1 μg RNA（37 ℃，30 min）；然后根据 1st Strand cDNA Synthesis Kit 试剂盒说明书，以 RNA 为模板进行 cDNA 的合成；使用 *β-actin* 做内参基因；使用 Applied Biosystems 7900 HT Real-Time PCR System 和 SYBR FAST qPCR Kit Master Mix（2×）Universal 进行 qPCR。

SYBR Green Ⅰ PCR 体系：

试剂	加入量
SYBR FAST qPCR Kit Master Mix（2×）Universal	5 μL
Primer F（10 μmol/L）	0.4 μL
Primer R（10 μmol/L）	0.4 μL
cDNA	1 μL
ROX 内参染料	0.2 μL
H_2O	补齐至 10 μL

PCR 程序：

程序	温度	时间
Pre-incubation	95 ℃	5 min
Amplification (40 cycles)	95 ℃	3 s
	60 ℃	20 s
Melting Curves	95 ℃	15 s
	60 ℃	15 s
	95 ℃	15 s

所有靶基因和参考基因的 qPCR 均测定三个重复，用于计算相对表达量的平均值和标准误。通过 1.5%琼脂糖凝胶电泳检测 PCR 产物来验证结果的可靠性。

表 1-5 *β-actin* 和性别差异基因的 qPCR 引物

基因名称	引物	引物序列	产物长度（bp）
β-actin	Forward	CAATGGATCCGGTATGTGC	245
	Reverse	CGTTGTAGAAGGTGTGATGCC	
gsdf	Forward	TCTTATGTCTGCTGTGTTTCCTC	147
	Reverse	TTACAGGGCTCTTGTAATTTGTG	
sox9a	Forward	ATCGTAAGAAAACCACGTCGC	159
	Reverse	GGAAACTGCTCGATTGAAGA	
dmrt1	Forward	ATGGTTACCTCCGATCTGCAC	125
	Reverse	AACTTGGAGTTCCTTCCCATG	
dmrt3	Forward	AGCGACAGAGAGCAGGATGTC	139
	Reverse	GTTGCTTCTCACTGTTGTCGG	

（续）

基因名称	引物	引物序列	产物长度（bp）
cyp11c1	Forward	TTTACCCTCTGGGAAGGAGTG	189
	Reverse	TGAGCAGCAGTTGCATCTCA	
star	Forward	GAAGACCCAAATAAGACGCAGT	216
	Reverse	CTGTTAGCCATTCGTTGCCT	
cyp11a1	Forward	TGAAACGCATTCCACTGGTC	152
	Reverse	CTTTGCAAGCTCACAGCCAC	
hsd3b	Forward	ATTTCCTCTCCGACGACACTC	119
	Reverse	CAAGTAGAAGAAGCGGAGCG	
cyp17a1	Forward	GGATCCATCAAGCTTCGGAG	214
	Reverse	ACTCGGCATTTATTCCCGTT	
cyp17a2	Forward	TTTGGGAAATTAGTTGCTTGG	223
	Reverse	TGCAGAGTCGTGATGGATTG	
cyp19a1a	Forward	ATTCACCAGAAGCACAAGACG	118
	Reverse	CAGTGAAGTTGATGTTCTCCAGT	
foxl2	Forward	GTATCAGGCACAACCTGAGTCTC	125
	Reverse	GTTGCCCTTCTCAAACATATCCT	
nr5a2	Forward	CCAAGGACGTTTTACCACTGC	117
	Reverse	GAGTTCAGGCTAGGCTCTTGC	
wnt9b	Forward	GGAAATGCGTCGTCTCAATG	213
	Reverse	CGCTTTAGCAAGTGCATGTG	
foxD4	Forward	CAGATGCGCAGGACATCTAC	149
	Reverse	CTTCGAGTAATACGGGAACCT	

在 qPCR 实验中，相关表达量的计算由 $2^{-\Delta\Delta CT}$（ΔCT＝目标基因的 CT－内参基因的 CT，ΔΔCT＝ΔCT－校准样本）。Student - *t* 检验（IBM SPSS statistics version 22.0）分别检测孵化后 30 d 和 40 d 幼鱼雌性和雄性性腺中基因表达水平之间是否具有显著性差异。显著性设定 $P<0.05$。

在孵化后 30 d 时，*cyp11c1* 和 *star* 在雄性性腺中的表达水平显著高于雌性，而 *cyp11a1* 和 *cyp19a1a* 在雌性中的表达水平显著高于雄性的表达水平（$P<0.05$）；*gsdf*、*sox9a*、*dmrt1*、*hsd3b*、*cyp17a1*、*cyp17a2*、*foxl2*、*nr5a2*、*wnt9b* 和 *foxD4* 在雌性和雄性性腺中表达无显著性差异（$P>0.05$）。在孵化后 40 d 时，精巢中 *gsdf*、*dmrt1*、*dmrt3*、*cyp11c1*、*star* 和 *hsd3b* 表

达显著高于卵巢，卵巢中 *foxl2*、*cyp19a1a*、*wnt9b* 和 *foxD4* 表达显著高于精巢（$P<0.05$）。在孵化后 40 d 时，*sox9a*、*cyp11a1*、*cyp17a1*、*cyp17a2* 和 *nr5a2* 在精巢和卵巢中表达水平无显著性差异（$P>0.05$）（图 1-7 和图 1-8）。

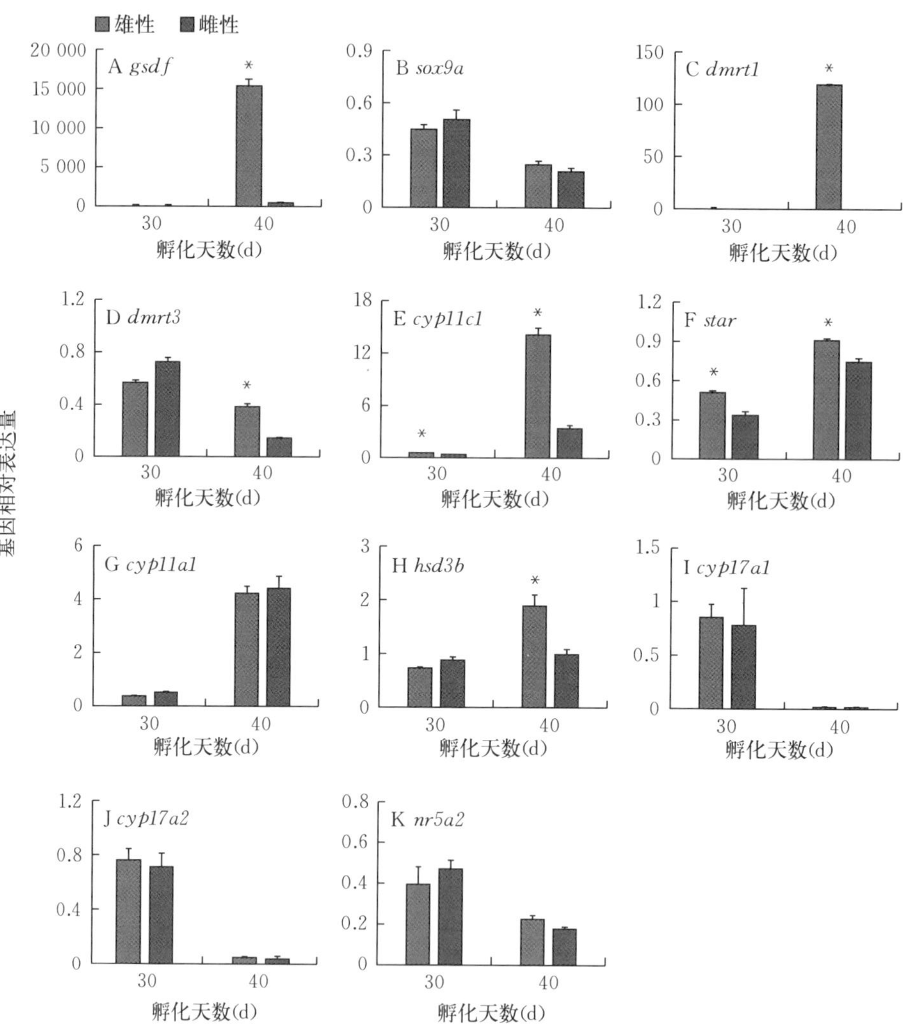

图 1-7　孵化后 30 d 和 40 d 雌性和雄性红鳍东方鲀性腺中 *gsdf*（A），*sox9a*（B），*dmrt1*（C），*dmrt3*（D），*cyp11c1*（E），*star*（F），*cyp11a1*（G），*hsd3b*（H），*cyp17a1*（I），*cyp17a2*（J）和 *nr5a2*（K）表达水平的变化

注：每个值代表三次测量值的平均值±标准误，*表示雌性和雄性组差异的显著性（$P<0.05$），Student-t 检验

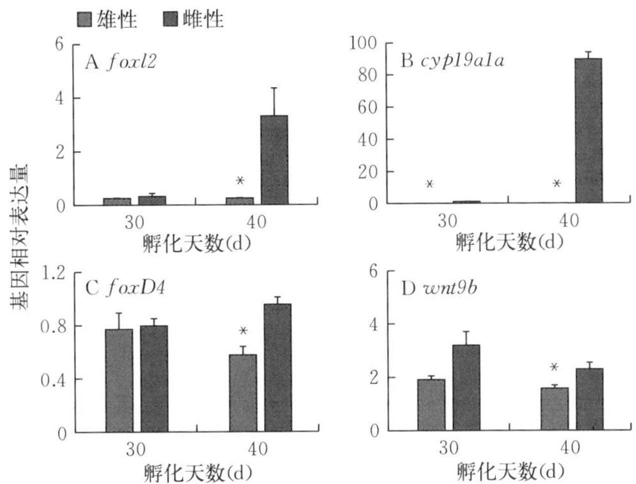

图 1-8 孵化后 30 d 和 40 d 雌性和雄性红鳍东方鲀性腺中 *foxl2*（A），*cyp19a1a*（B），*foxD4*（C）和 *wnt9b*（D）表达水平的变化

注：每个值代表三次测量值的平均值±标准误，* 表示雌性和雄性组差异的显著性（$P<0.05$），Student - t 检验

四、讨论

在本部分研究中，发现一些雌雄差异表达的基因属于转化生长因子（transforming growth factor - β，TGF - β）超家族。TGF - β 超家族由大量结构相似的多肽生长因子组成，可以在系统发育上分为两大类：TGF - β/活化素（activin）和骨形态发生蛋白（bone morphogenetic protein，BMP）/生长分化因子（growth and differentiation factor，GDF）。根据它们的序列同源性和进化关系，可以把它们分成几个相关的亚群（Newfeld 等，1999；Kawabata 和 Yamashita，2000；Pangas 和 Woodruff，2000；De Caestecker，2004）。从线虫到哺乳动物，TGF - β 在涉及细胞过程的信号传导途径中都起关键作用，如参与细胞增殖、识别、分化、凋亡和发育等过程的调控（Shi 和 Massagué，2003）。最近，*amhy*、*amhr2*、*gsdfy* 和 *gdf6Y* 被鉴定为鱼类中新的性别决定基因，表明这种信号通路参与鱼类的性别决定及分化（Hattori 等，2012；Kamiya 等，2012；Myosho 等，2012；Reichwald 等，2015；Li 等，2015）。在转录组测序数据中发现 *bmp15*、*bmp3b*、*gsdf* 和 *TGF - β receptor - 3* 在红鳍东方鲀性腺中表达。在这些基因中，*bmp15* 在卵巢中高表达，其他 3 个基因在精巢中高表达。对孵化后 30 d 和 40 d 的河鲀性腺进行基因表达的定量分析发现，*gsdf* 在孵化后 30 d 的 XX 和 XY 性腺中的表达没有显著差异，随后

表达量上升，并在孵化后 40 d 出现雌雄表达差异，其在 XY 中的表达显著高于 XX 个体的性腺。*gsdf* 是一个新的 TGF－β 超家族成员，仅在鱼类中发现。它最早被发现是作为对虹鳟（*Oncorhynchus mykiss*）精子发生至关重要的特定基因（Sawatari 等，2007），随后在雌雄异体和雌雄同体的鱼中被克隆出来（Luckenbach 等，2008；Gautier 等，2011；Myosho 等，2012；Kaneko 等，2015；Horiguchi 等，2013；Chen 等，2015a；Chen 等，2015b；Zhu 等，2016）。在吕宋青鳉（*Oryzias luzonensis*），Y 染色体上的 *gsdf* 已被证实是其性别决定基因（Myosho 等，2012）。纯合 *gsdf* 突变的青鳉个体会发生雄性性腺向卵巢分化，表明 *gsdf* 为精巢发育所必需的关键因子（Imai 等，2015；Zhang 等，2016）。在尼罗罗非鱼（*Oreochromis niloticus*）中，研究人员发现 *gsdf* 是 *dmrt1* 的下游基因，*gsdf* 可能通过抑制雌激素的产生，从而诱导精巢分化（Jiang 等，2016）。在红鳍东方鲀中发现，*gsdf* 在孵化后 40 d 的精巢中表达量显著高于卵巢，表明它在红鳍东方鲀的性别分化过程中也具有重要的作用。

此外，也发现 *dmrt1* 和 *dmrt3* 是红鳍东方鲀性别差异表达基因。虽然 *dmrt1* 和 *dmrt3* 基因的表达水平在孵化后 30 d 的雌性和雄性红鳍东方鲀性腺中没有显著差异，但是它们在孵化后 40 d 的精巢中的表达水平显著高于卵巢，表明这两个基因可能在红鳍东方鲀的精巢分化中发挥着重要作用。在秀丽隐杆线虫、果蝇、青蛙、鱼类、鸟类、哺乳动物和珊瑚等不同动物种类中，*dmrt* 家族都被认为参与性别分化过程的调控（Hodgkin，2002）。1965 年，Hildreth 在果蝇中首次发现 *dmrt* 的存在，该转录因子家族有一个特异的锌指基序称为 DM 域（Erdman 和 Burtis，1993；Zhu 等，2000）。加上来自昆虫的 *dsx* 和秀丽隐杆线虫的 *mab*，*dmrt* 家族的成员共包括 9 个 *dmrt* 基因（*dmrt1* 至 *dmrt9*）（Volff 等，2003；Wexler 等，2014）。在鱼类中，已经发现 5 种 *dmrt* 基因。*dmrt1* 是研究最广泛的基因，因为它被证明是青鳉中的性别决定因子（Picard 等，2015）。迄今为止所研究的所有雌雄异体的鱼类，无论性别决定系统如何，*dmrt1* 表达模式总是与雄性性腺发生和进一步分化密切相关（Herpin 和 Schartl，2011）。对于其他 *dmrt* 基因，*dmrt2* 在青鳉雄性和雌性的性腺均有表达，*dmrt3* 在青鳉雄性性腺中特异性表达（Winkler 等，2004），*dmrt3* 和 *dmrt5* 在斑马鱼（*Danio rerio*）中有表达（Guo 等，2004；Li 等，2008）。但是，这里的研究结果与 Yamaguchi 等（2006）报道的结果有所不同，可能是因为分析基因的表达模式的方法不同：Yamaguchi 等采用 RT－PCR；这里使用的是 qPCR，qPCR 相比较 RT－PCR 更灵敏。

转录组分析还发现，在孵化后 60 d 和 90 d 红鳍东方鲀幼鱼的性腺中，*sox9a* 在精巢和卵巢中的存在差异表达，但是在孵化后 30 d 和 40 d 时没有显著性差异。*sox9* 是与 *sry* 相关的 HMG－box 基因家族的一个转录因子（Foster 等，1994），在精巢形成和其他过程（如软骨形成）中起重要作用（Healy 等，1999；Jakubiczka 等，2010）。研究发现，在哺乳动物的 XY 雄性性腺发育过程中，*sry* 与孤核受体 steroidogenic factor－1（*sf－1*）共同作用，激活 *sox9* 表达（Sekido 和 Lovell－Badge，2008）；随后，*sox9* 关闭 *sry*，并继续表达（Cutting 等，2013）。XY 个体中 *sox9* 的突变会干扰骨形成和性别逆转（Barrionuevo 等，2006；Jakubiczka 等，2010；Georg 等，2010）。*sox9* 在哺乳动物和鸟类中是保守的，并且在硬骨鱼中的结构也较为保守（Denny 等，1992；Coriat 等，1993；Zhou 等，2003）。在斑马鱼性腺中发现 *sox9* 有 *sox9a* 和 *sox9b* 两个拷贝基因，其中 *sox9a* 在雄性性腺中高表达（Chiang 等，2001；Jørgensen 等，2008）。然而，在青鳉中发现，*sox9a* 主要在脑和卵巢中表达，而 *sox9b* 基因在精巢中的表达显著高于其在卵巢中的表达（Kluver 等，2005）。此外，在比较雄性和雌性胚胎时，*sox9* 没有在性腺发育早期中表达（Yokoi 等，2002；Nakamoto 等，2005）。在丽脂鲤（*Astyanax altiparanae*）精巢分化前后，*sox9* 的表达无显著性性别差异（Yokoi 等，2002；Nakamoto 等，2005）。结合本研究和以往的研究结果，*sox9* 在鱼类性腺发育中的作用可能与哺乳类有所区别，可能与性腺发育有关，但是可能不参与性别决定及性别分化。如果想确定 *sox9a* 的表达模式是否与红鳍东方鲀性腺的发育直接相关，今后需要进行基因功能分析实验加以验证。

在青鳉上首次发现，性别分化前给予低剂量的外源性类固醇激素（雄激素或雌激素）能够实现性逆转（Yamamoto，1958），之后类固醇激素被证实在很多鱼类的性别分化过程中具有重要作用（Devlin 和 Nagahama，2002；Guiguen 等，2010）。本部分研究在转录组数据中发现了 7 个与类固醇合成途径有关的差异表达基因：*star*、*cyp11a1*、*hsd3b*、*cyp17a1*、*cyp17a2*、*cyp11c1* 和 *cyp19a1a*。使用 qPCR 进一步验证了它们在孵化后 30 d 和 40 d 红鳍东方鲀的性腺中的表达水平。结果发现，在孵化后 30 d 时，*cyp19a1a* 在 XX 雌性性腺中表达量显著高于 XY 雄性中的水平；而在孵化后 40 d 时，*cyp11c1* 在 XY 雄性中表达量显著高于 XX 雌性。cyp450 11b 羟化酶是雄激素 11－羟基睾酮合成关键酶，这表明雄激素与红鳍东方鲀早期精巢分化相关。然而，在虹鳟和罗非鱼中，精巢分化似乎与雄激素的水平无关，相反和雌激素的缺失相关（Vizziano 等，2007；Ijiri 等，2008）。脊椎动物通过芳香化酶催化反应来平衡雄激素和雌激素的水平。芳香化酶是类固醇激素合成通路中的关键酶，能催化雄激素向雌激素转化，因此，在性别转化过程中具有重要作用（Guiguen 等，2010）。近年来的研究结果证实 *cyp19a1a*、芳香化酶和雌激素对大多数硬骨鱼类的性腺分化有至关重要的调控作用（Davis 等，1990；Davis

等，1992；Chang 等，1995；Kawahara 和 Yamashita，2000；Suzuki 等，2004；Wu 等，2008）。红鳍东方鲀 *cyp19a1a* 在 XX 雌鱼性腺中高表达，表明 *cyp19a1a*、芳香化酶和 E_2 在河鲀的卵巢分化和维持中也起到了关键作用。另外，本部分研究发现激活 *cyp19a1a* 的转录因子 *foxl2* 在 XX 雌性个体中高表达，这可能是 *cyp19a1a* 表达水平雌性高于雄性的一个原因。*foxl2* 属于 Nr5a 亚家族，也被称为 *ftz-f1*；在许多脊椎动物性别分化过程中，它是 *cyp19a1* 表达的重要转录调节因子（Gurates 等，2003；Nakamoto 等，2007）。在硬骨鱼类中，研究人员也发现了 *nr5a* 的同源基因（Watanabe 等，1999；Yoshiura 等，2003；Zhang 等，2004；Deng 等，2008；Shafi 等，2013；Wang 等，2015），研究表明，硬骨鱼 *nr5a* 可能通过调节 *cyp19a1* 的转录参与性腺分化。在孵化后 60 d 和 90 d 的红鳍东方鲀性腺中发现 *nr5a2* 是性别差异表达基因，并且它在精巢中高表达；但是在孵化后 30 d 和 40 d 时没有表现出性别二态性。因此，在红鳍东方鲀中，*foxl2* 可能是 *cyp19a1* 表达的重要转录调控因子。

综上所述，本部分研究通过对孵化后 60 d 和 90 d 的红鳍东方鲀幼鱼性腺进行转录组分析，筛选了精巢与卵巢之间差异表达的大量基因，并以孵化后 30 d 和 40 d 的红鳍东方鲀性腺为研究对象，对一些关键的性别相关基因的表达进行了验证。这为今后研究这些基因在红鳍东方鲀的精巢分化和卵巢分化过程中的功能奠定重要基础。

第二节　红鳍东方鲀脑中性别差异基因的筛选与鉴定

研究发现，在性激素影响之前，脑中性二态基因的差异表达会导致雌性和雄性脑的结构和功能的不同（Dewing 等，2003；Dennis，2004；Davies 和 Wilkinson，2006；Sellars 等，2015）。这与性激素诱导哺乳动物和鸟类的脑发生性二态的理论相反。近年来，Fujiyama 等（2018）在小鼠中发现前脑中的 *Ptf1a* 可以调节脑的性别分化。研究也发现，脑可以决定性腺的性别，在性腺分化之前，将雌性日本鹌鹑（*Coturnix japonica*）胚胎中的前脑移植到雄性日本鹌鹑胚胎中，会导致精巢发育异常（Gahr，2003；Munday 等，2006）。在某些硬骨鱼类中（Francis 和 Barlow，1993；Munday 等，2006），由于社会因子的影响会导致性别变化，脑对性腺性别分化可能具有重要影响（Francis，1993）。Zhang 等（2015a，2015b）使用 TALEN 介导的基因组编辑方法，分析 GTH 及其受体（*fshr* 和 *lhcgr*）功能缺失对斑马鱼繁殖的影响。研究发现，*fshb* 和 *lhb* 的双重突变导致所有斑马鱼个体雄性化。这些研究表明，性腺的分化可能由脑决定。

脑中与性腺分化和发育有关基因的筛选与鉴定将有助于揭示控制性别分化的分子调控网络。目前，在脊椎动物的脑中已经发现许多与性别有关的基因的表达。例如，在雄性斑马鱼中，*tkB* 是一种 Z 连锁基因，其表达水平高于雌性斑马鱼（Chen 等，2005）。除此之外，在脑中还发现其他具有性别相关表达模式的性别特异性标记和基因（Xu 等，2002；Xu 等，2008；Xu 等，2013；Agate 等，2003；Agate 等，2004；Dewing 等，2006）。硬骨鱼类中，如鲫（*Carassius auratus*）、斑马鱼、硬头鳟、青鳉、尖吻重牙鲷（*Diplodus puntazzo*）、黄颡鱼（*Pelteobagrus fulvidraco*）和半滑舌鳎（*Cynoglossus semilaevis*）脑中也发现了与性别相关的基因（Parhar 等，2001；Santos 等，2008；Sreenivasan 等，2008；Vizziano - Cantonnet 等，2001；Yano 等，2014；Maehiro 等，2014；Manousaki 等，2014；Lu 等，2005；Wang 等，2016）。

本部分研究对孵化后 30 d 和 40 d（尚未发生形态上的性腺性别分化）红鳍东方鲀幼鱼的脑进行了转录组分析，筛选出了脑内性别差异表达的基因。使用 qPCR 验证了 7 个候选基因的表达模式。研究结果将加强对红鳍东方鲀早期性别分化过程中的分子调控网络的了解，也可为其他鱼类的研究提供参考。

一、脑中性别差异表达基因的筛选

2018 年，从大连富谷水产有限公司分别采集了孵化后 30 d（$n=80$）和 40 d（$n=80$）的红鳍东方鲀幼鱼。冰上麻醉后，将幼鱼放在显微镜下进行解剖。将 RNAlater 试剂倒在脑上，将整个脑完整取出，并放入装有 RNAlater 试剂的冻存管中。然后，将组织立即转移到－80 ℃超低温冰箱中，用于提取 RNA。同时，每条幼鱼分别保存部分的其他组织置于无水乙醇中，存放在－20 ℃冰箱用于性别鉴定。此外，将包含性腺的鱼体解剖后固定在 Bouin 溶液中（$n=20$），用于观察性腺分化情况。动物实验遵守相关实验室规定。

将含有性腺的组织在 Bouin 的溶液中固定 24～28 h 后，转移至 70%的乙醇溶液中；然后使用梯度乙醇将组织脱水，包埋在石蜡中。根据常规组织学技术，将切片制备为 4～6 μm，并用苏木精—伊红染色。在光学显微镜下观察性腺发育情况并拍照。

如前所述，对幼鱼进行性别验证。从肌肉中提取 DNA，使用 rTaq 聚合酶对引物 SD3exon - 8F 和 SD3exon - 10R 进行 *amhr2* 外显子 9 的 PCR 扩增。PCR 产物委托生工生物公司通过 Sanger 的方法测序。将 20 个来自相同的取样时间点，相同性别个体的脑混合在一起，然后使用 Qiangen RNeasy Micro Kit 试剂盒提取 RNA。使用 NanoDrop ND - 1000 分光光度计检查 RNA 的浓度和完整性。

文库的制备和测序委托百迈客生物公司进行。构建了 4 个独立的 cDNA 文库（孵化后 30 d 的 XX、孵化后 30 d 的 XY、孵化后 40 d 的 XX 和孵化后 40 d的 XY）。使用 Illumina HiSeq2500 测序仪对 cDNA 文库进行测序。测序得到的 Raw Reads 已经上传到 NCBI 数据库中，获取序列号（SRR8526131、SRR8526132、SRR8526133 和 SRR8526134），过滤掉低质量的 Reads，获得 Clean Reads。然后，使用 Tophat2 软件与参考基因组进行比对（ftp://ftp.ncbi.nlm.nih.gov/genomes/all/GCF _ 000180615.1 _ FUGU5）。通过 BLASTX（E 值 $<10^{-5}$）将差异表达基因的序列与数据库 Nr、KEGG、GO、Egg NOG、Pfam、COG 和 KOG 进行比对。将 NrBLAST 结果导入 Blast2GO 程序中，进行 GO 注释。该分析将所有带注释的基因映射到数据库中的 GO term 中，并计算与每个 term 关联的基因数量，然后绘制基因的 GO 功能分类图。使用 TopGo 对获得的注释进行了丰富和完善。利用 Perl script 进行 KEGG 通路的富集对基因产物在细胞中的功能及其代谢途径进行系统分析。基因的表达丰度由 FPKM 值确定。

组织学观察了红鳍东方鲀幼鱼的性腺在孵化后 30 d［全长：(1.01±0.12)cm］和 40 d［全长：(1.80±0.27)cm］时的发育情况。在所有这些样品中，均未观察到形态性别分化（图 1 - 9）。

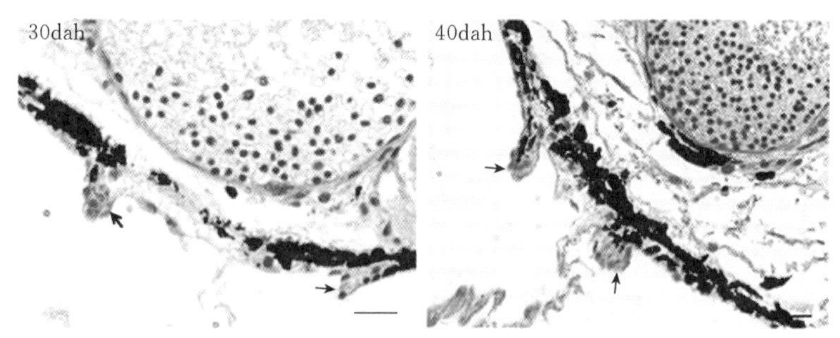

图 1 - 9　孵化后 30 d 和 40 d 红鳍东方鲀性腺 HE 切片

注：dah，孵化后天数；比例尺，100 μm；箭头指示性腺

表 1 - 6 是转录组的统计数据。滤除低质量序列总共获得了 28.24 Gb 的 Clean Read（孵化后 30 d 的雌鱼脑：24 021 683 个；孵化后 30 d 的雄性脑：21 743 618 个；孵化后 40 d 的雌鱼脑：25 615 497 个；孵化后 40 d 雄鱼脑：22 946 634 个）。82.63%（155 758 902 个）的 Clean Read 与基因组位置匹配；其余的 17.37%不匹配。总共发现 22 337 个基因（包括 1 008 个新基因）在红鳍东方鲀幼鱼的脑中表达，这为更好地了解红鳍东方鲀性别分化提供了参考数据。

表 1-6　红鳍东方鲀雌性和雄性幼鱼脑的转录组测序和 mapping 结果统计

样品	雌性脑（30 d）	雄性脑（30 d）	雌性脑（40 d）	雄性脑（40 d）
Clean Read 的数量（个）	24 021 683	21 743 618	25 615 497	22 946 634
Clean Read 的总长（bp）	7 192 897 988	6 510 330 948	7 666 593 614	6 870 120 446
比对上的 Read 数量	39 873 182（82.99%）	36 378 768（83.65%）	41 292 800（80.60%）	38 214 152（83.27%）
比对到基因组单一位置的 Read 数量（个）	39 155 417（81.50%）	35 709 241（82.11%）	40 499 365（79.05%）	37 518 476（81.75%）
比对到基因组多个位置的 Read 数量（个）	717 765（1.49%）	669 527（1.54%）	793 435（1.55%）	695 676（1.52%）

注：dah 为孵化后天数

与 Nr、KEGG、COG、KOG、GO、SwissProt、Pfam 和 EggNOG 数据库进行比对，分别得到 7 052 个（31.57%）、12 805 个（57.33%）、12 157 个（54.43%）、15 864 个（71.02%）、20 261 个（90.71%）、15 560 个（69.67%）、21 488 个（96.20%）和 22 000 个（98.49%）注释的基因，总共 22 016 个（98.56%）注释的基因（表 1-7）。

表 1-7　注释结果统计

数据库	COG	GO	KEGG	KOG	Pfam	SwissProt	EggNOG	Nr	Total
注释的基因数量（个）	7 052	12 805	12 157	15 864	20 261	15 560	21 488	22 000	22 016

对基因的功能进行 GO 分类，结果如图 1-10 和图 1-11 所示。基因主要富集在细胞组分（cellular component，CC）、分子功能（molecular functions，MF）和生物过程（biological process，BP）中的 42 个 GO term 中。在 BP 中，基因主要富集在细胞过程（cellular process）（7 048）和单一生物过程（single-organism process）（6 499）两个 GO term 中。在 CC 中，基因主要富集在细胞（cell）（6 246），细胞组成（cell part）（6 198）和膜（membrane）（4 997）3 个 GO term 中。在 MF 中，基因主要富集在结合（binding）（6 353）和催化活性（catalytic activity）（4 331）2 个 GO term 中。

EggNOG 分析将基因分别注释到 25 个功能类别。主要类别是未知功能的基因（function unknown）（9 515），其次是细胞内运输（intracellular trafficking）、分泌（secretion）和囊泡运输（vesicular transport）（2 625），翻译后

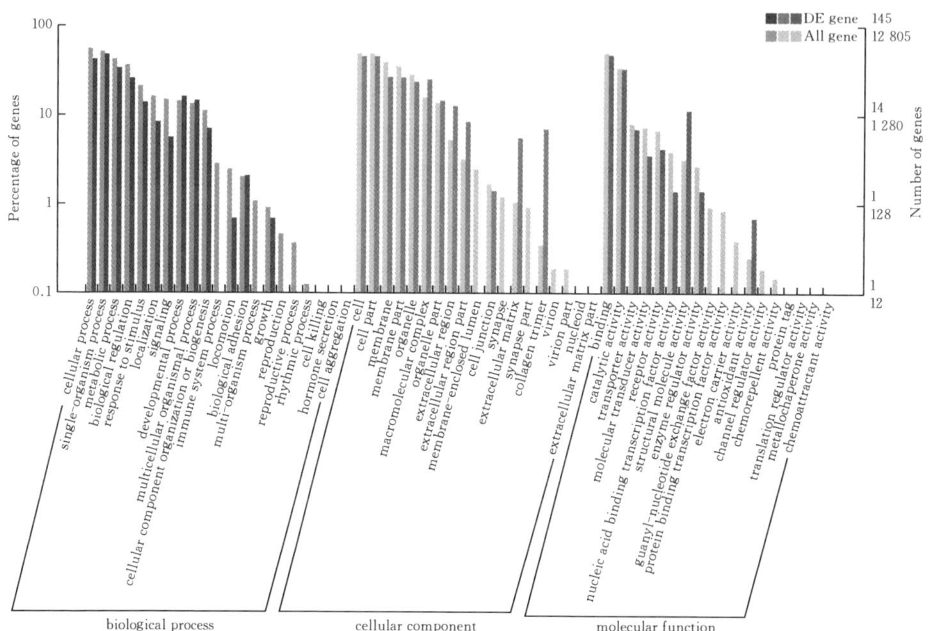

图 1-10　孵化后 30 d 红鳍东方鲀脑中所有基因（All gene）和差异表达基因（DE gene）的 GO 富集分析结果

修饰（posttranslational modification）、蛋白质转换（protein turnover）、分子伴侣（chaperones）（2027），转录（transcription）（1 528）和信号转导机制（signal transduction mechanisms）（1 465）（图 1-12）。

共 12 157 个基因被注释到 215 条 KEGG 途径。基因富集最多的前 10 个通路分别是神经活性配体-受体相互作用（neuroactive ligand - receptor interaction）（ko04080，368 个基因）、促分裂原激活蛋白激酶信号传导途径（mitogen - activated protein kinase）（ko0410，336 个基因）、胞吞作用（endocytosis）（ko04144，286 个基因）、黏着斑（focal adhesion）（ko04510，276 个基因）、肌动蛋白细胞骨架（regulation of actin cytoskeleton）（ko04810，269 个基因）、钙信号通路（calcium signaling pathway）（ko04020，265 个基因）、紧密连接（tight junction）（ko04530，212 个基因）、嘌呤代谢（purine metabolism）（ko00230，212 个基因）、肾上腺素在心肌细胞中的信号传导（adrenergic signaling in cardiomyocytes）（ko04261，209 个基因）和内质网的蛋白质加工（protein processing in endoplasmic reticulum）（ko04141，195 个基因）。表 1-8 列出前 28 个 KEGG 通路。

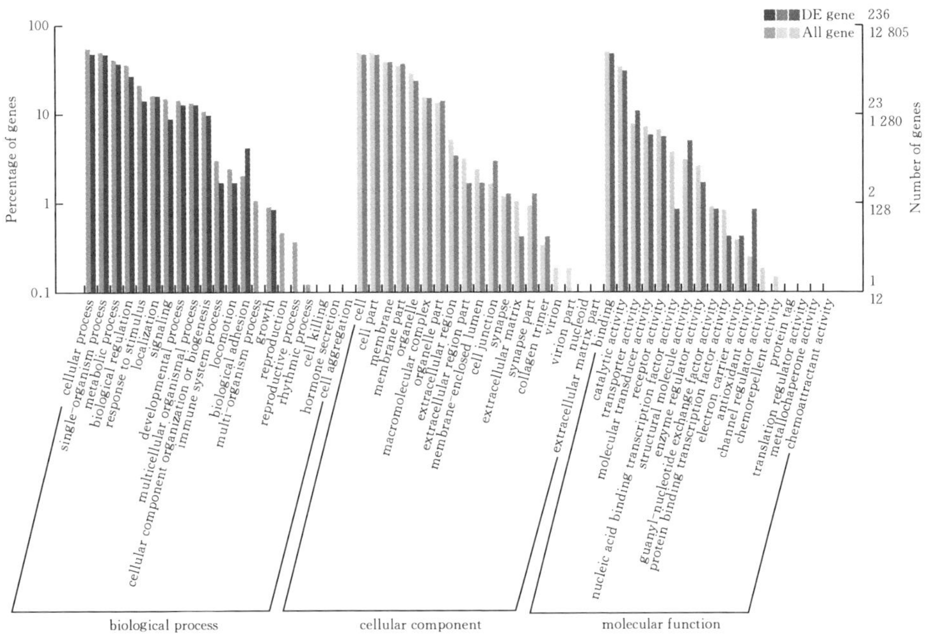

图 1-11　孵化后 40 d 红鳍东方鲀脑中所有基因（All gene）和差异表达基因（DE gene）的 GO 富集分析结果

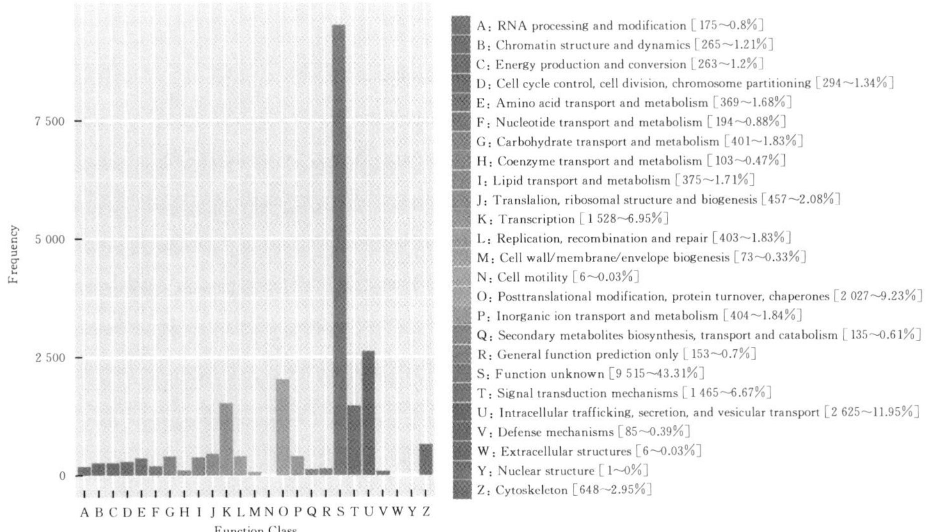

图 1-12　EggNOG 分析结果

表 1-8 红鳍东方鲀脑中表达的基因富集的前 28 个 KEGG 通路

通路名称	通路 _ id	基因数量
Neuroactive ligand - receptor interaction	ko04080	368
MAPK signaling pathway	ko04010	336
Endocytosis	ko04144	286
Focal adhesion	ko04510	276
Regulation of actin cytoskeleton	ko04810	269
Calcium signaling pathway	ko04020	265
Purine metabolism	ko00230	212
Tight junction	ko04530	212
Adrenergic signaling in cardiomyocytes	ko04261	209
Protein processing in endoplasmic reticulum	ko04141	195
FoxO signaling pathway	ko04068	191
Herpes simplex infection	ko05168	187
Cell adhesion molecules (CAMs)	ko04514	183
Wnt signaling pathway	ko04310	177
Insulin signaling pathway	ko04910	171
Phagosome	ko04145	164
Cytokine - cytokine receptor interaction	ko04060	161
RNA transport	ko03013	160
Cell cycle	ko04110	149
Ubiquitin mediated proteolysis	ko04120	146
Spliceosome	ko03040	140
Vascular smooth muscle contraction	ko04270	140
Lysosome	ko04142	136
Gap junction	ko04540	134
Carbon metabolism	ko01200	133
Jak - STAT signaling pathway	ko04630	133
Melanogenesis	ko04916	133
Oxidative phosphorylation	ko00190	130

二、脑中性别差异表达基因的功能富集分析

将 FDR≤0.01 且 |$\log_2$Fold change|>1 作为筛选 XX 和 XY 红鳍东方鲀幼鱼脑 DEGs 的标准，然后对 DEGs 进行 GO 和 KEGG 功能富集分析。在孵化后 30 d 红鳍东方鲀脑中发现了 229 个基因在雄性脑中上调和 21 个基因在雌性脑中上调（图 1-13A）。在孵化后 40 d 幼鱼中，共发现了 325 个在雄性脑中上调和 174 个在雌性脑中上调的基因（图 1-13B）。

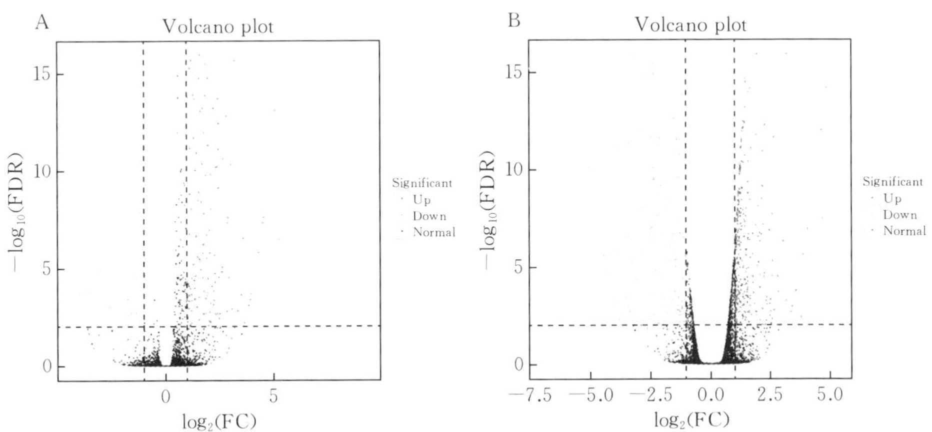

图 1-13 孵化后 30 d（A）和 40 d（B）雌性和雄性红鳍东方鲀脑差异表达基因的火山图示

注：上调代表雄性脑中偏向基因，下调代表雌性脑中偏向基因

表 1-9 列出了孵化后 30 d 和 40 d 红鳍东方鲀幼鱼性腺中发现的部分雄性和雌性偏向基因：在孵化后 30 d，*cyp1a1-like*、*lingo1-B*、*lrrs-containing protein 2-like*、*trim-containing protein 54*、*ss receptor type 5-like* 和 *melanopsin-like* 等在雌鱼脑中的表达水平高于雄鱼；在孵化后 40 d 无显著性差异。*rhoGAPs-24*、*rp1-like 1 protein-like*、*rbp-2-like*、*claudin-3*、*zd1*、*myogenin*、*myomesin-1*、*myomesin-2-like* 和 *lrr-containing protein 4C-like* 在孵化后 30 d 的雄鱼脑中的表达高于雌鱼。在孵化后 40 d，*ss-receptor-1* 和 *mybp-C* 在雌鱼脑中的表达水平高于雄鱼；而在孵化后 30 d 无差异表达。*tgf-β receptor 2*、*star*、*rhoGEFs*、*rhoGAPs-28*、*tpo-like*、*opsin5-like*、*claudin-22-like*、*lingo 1*、*lingo 3*、*lrrn3*、*wd repeat-containing protein 60*、*wd repeat-containing protein 6* 和 *probable G-protein coupled receptor 75* 在雄鱼脑中的表达水平高于雌鱼；在孵化后 30 d 无差异表达。*claudin-15-like* 基因在孵化后 30 d 和 40 d 时均在雄鱼脑中高表达。

表 1-9 孵化后 30 d 和 40 d 雌性和雄性红鳍东方鲀脑中代表差异表达基因

基因名称	log_2 Fold change 值（雄性/雌性）		描述
	30 d	40 d	
tgf-β-receptor 2	—	2.06	tgf-beta receptor type-2-like, partial
igfbp-ALS	−1.17	1.99	insulin-like growth factor-binding protein complex acid labile subunit, partial
star	—	1.93	steroidogenic acute regulatory protein, mitochondrial isoform X1
cyp1a1-like	−4.3	—	cytochrome P450 1A1-like
rhoGEFs	—	2.06	rho guanine nucleotide exchange factor 10-like protein, partial
rhoGAPs-24	1.29	—	rho GTPase-activating protein 24-like
rhoGAPs-28	—	1.76	rho GTPase-activating protein 28-like
tpo-like	—	1.29	thyroid peroxidase-like
eEF1A	2.25	−3.06	elongation factor 1-alpha
opsin5-like	—	1.2	opsin-5-like
rp1-like 1 protein-like	3.64	—	retinitis pigmentosa 1-like 1 protein-like
rbp-2-like	1.05	—	retinol-binding protein 2-like
hsc71	—	−2.01	heat shock cognate 71 ku protein-like
hsp90-alpha 1	2.48	−4.13	heat shock protein HSP 90-alpha 1
titin-like	2.17	−3.05	titin-like
ss receptor 1	—	−3.92	somatostatin receptor type 1-like
ss receptor type 5-like	−2.93	—	somatostatin receptor type 5-like
zinc-binding protein A32-like	−1.13	—	zinc-binding protein A32-like
melanopsin-like	−2.51	—	melanopsin-like
claudin-3	2.09	—	claudin-3
claudin-15-like	2.86	4.69	claudin-15-like
zd1	2.41	—	zona pellucida-like domain-containing protein 1
claudin-22-like	—	3.58	claudin-22-like
myomesin-2-like	2.79	—	myomesin-2-like
lingo 1	—	4.84	leucine-rich repeat and immunoglobulin-like domain-containing nogo receptor-interacting protein 1

（续）

基因名称	log₂ Fold change 值（雄性/雌性）		描述
	30 d	40 d	
lingo 3	—	1.44	leucine - rich repeat and immunoglobulin - like domain - containing nogo receptor - interacting protein 3
lingo 1 - B	−1.18	—	leucine - rich repeat and immunoglobulin - like domain - containing nogo receptor - interacting protein 1 - B
lrrn3	—	4.07	leucine - rich repeat neuronal protein 3
lrrs - containing protein 2 - like	−3.48	—	leucine - rich repeat - containing protein 2 - like
lrrs - containing protein 9 - like	—	1.39	leucine - rich repeat - containing protein 9 - like
lrrs - containing protein 17	—	1.43	leucine - rich repeat - containing protein 17
lrrs - containing protein 4C - like	2.8	—	leucine - rich repeat - containing protein 4C - like
myomesin - 1	2.29	—	myomesin - 1
mybp - C	—	−2.17	myosin - binding protein C，fast - type - like isoform X1
wd repeat - containing protein 60	—	1.16	WD repeat - containing protein 60
wd repeat - containing protein 6	—	1.02	WD repeat - containing protein 6
trim - containing protein 54	−1.18	—	tripartite motif - containing protein 54
probable G - protein coupled receptor 75	—	2.01	probable G - protein coupled receptor 75

在孵化后 30 d 的红鳍东方鲀脑中，对 DEGs 进行 GO 富集分析表明，DEGs 分别富集在 BP、CC 和 MF 中的 13 个、12 个和 9 个 GO term 中（图 1 - 10）。在 BP 中，DEGs 主要富集到单一生物过程（single - organism process）（68）、细胞过程（cell process）（60）、代谢过程（metabolic process）（48）和生物调节（biologic regulation）（37）。在 CC 中，DEGs 主要富集在细胞（cell）（65）和细胞组成（cell part）（65）中，其次是膜（membrane）（38）中。在 MF 中，

DEGs 主要富集到结合（binding）（67）和催化活性（catalytic activity）（47）2 个 GO term 中。在孵化后 40 d 的红鳍东方鲀脑中（图 1－11），DEGs 分别富集在 BP、CC 和 MF 中的 14、12 和 9 个 GO term 中。在 BP 中，DEGs 主要富集到细胞过程（biological process）（114）、单一生物过程（single- organism process）（112）、代谢过程（metabolic process）（87）和生物调控（biologic regulation）（63）4 个 GO term 中。在 CC 中，DEGs 主要富集细胞（cell）（109）、细胞组成（cell part）（109）、膜（membrane）（92）和膜组成（membrane part）（86）GO term 中。在 MF 中，DEGs 主要富集到结合（binding）（113）和催化活性（catalytic activity）（72）2 个 GO term 中。

KEGG 富集分析显示，在孵化后 30 d 红鳍东方鲀脑中，88 个 DEGs 主要富集在 59 条 KEGG 通路。在孵化后 40 d 红鳍东方鲀脑中，112 个 DEGs 富集在 85 个 KEGG 通路。图 1－14 和图 1－15 显示了孵化后 30 d 和 40 d 红鳍东方鲀脑中 DEGs 富集数量最多的前 50 个通路。在孵化后 30 d 红鳍东方鲀脑中，DEGs 主要富集在黏着斑（focal adhesion）（ko04510，20 个基因）、神经活性配体-受体相互作用（neuroactive ligand－receptor interaction）（ko04080，15

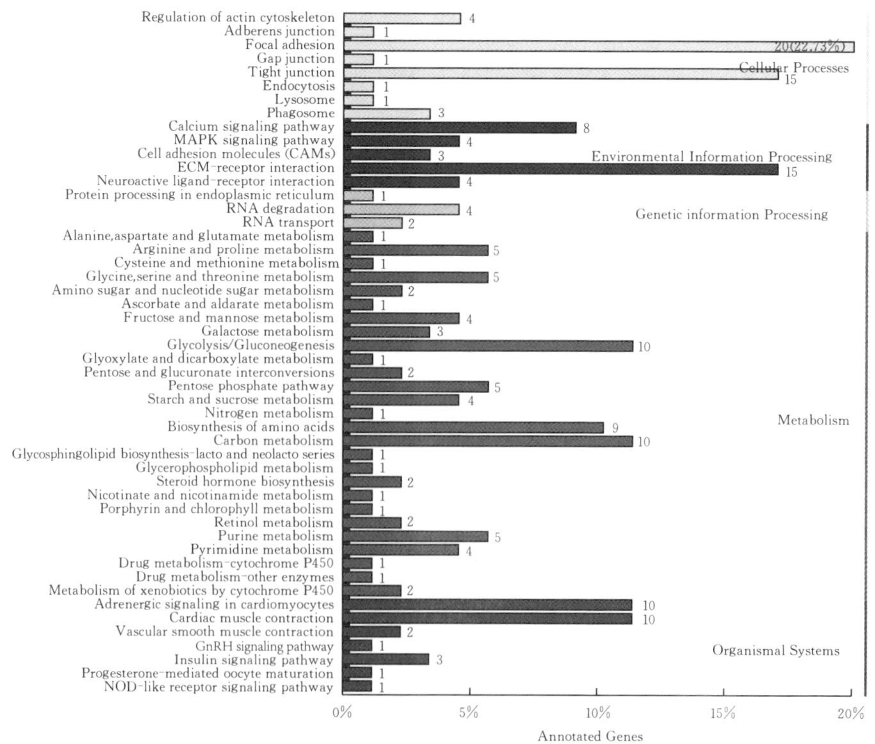

图 1－14　孵化后 30 d 红鳍东方鲀雌、雄脑中 DEGs 的 KEGG 富集分析结果

个基因）和紧密连接（tight junction）（ko04530，15 个基因）等通路中。在孵化后 40 d 红鳍东方鲀脑中，DEGs 主要富集在神经活性配体-受体相互作用（neuroactive ligand - receptor interaction）（14 个基因）和紧密连接（tight junction）（12 个基因）通路。

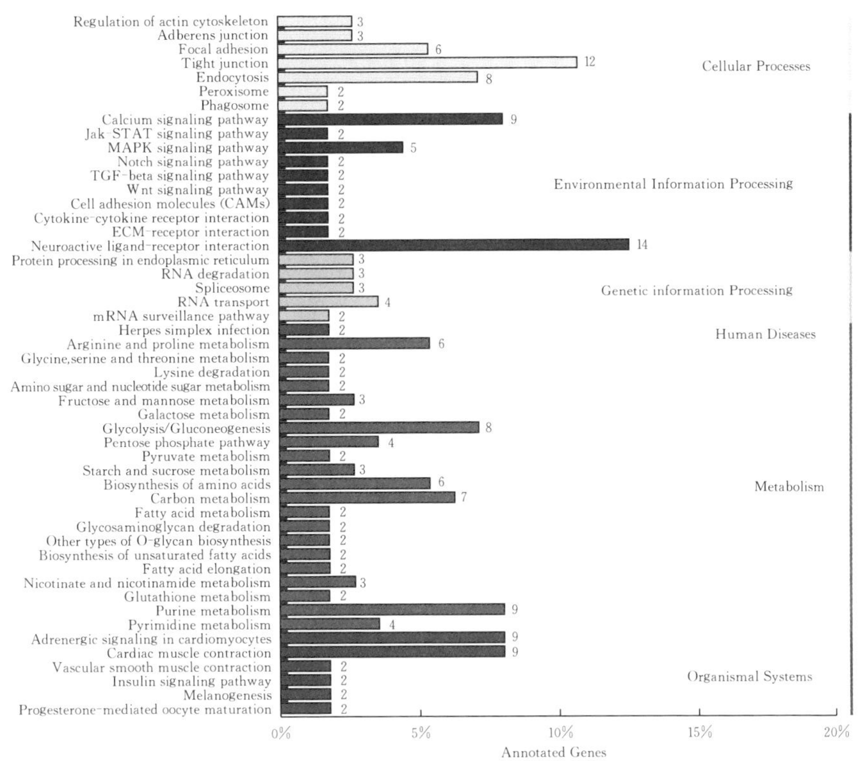

图 1-15 孵化后 40 d 红鳍东方鲀雌、雄脑中 DEGs 的 KEGG 富集分析结果

三、脑中性别差异表达基因的表达模式验证

根据 RNA-Seq 结果，选择了 6 个基因（*tgf-β receptor 2*、*star*、*rhoGEF10*、*opsin5-like*、*rhoGAPs-28* 和 *cyp1a1-like*）进行 qPCR 验证。使用 Primer Premier 5.0 设计了用于 qPCR 的引物（表 1-10）。根据 1st Strand cDNA 合成试剂盒说明书，使用 1 μg 总 RNA（用于转录组分析的同一样品）作为模板合成第一链 cDNA。通过 Applied Biosystems 7900 HT Real-Time PCR 系统和 SYBR FAST qPCR Kit Master Mix（2×）Universal 试剂盒，以 *β-actin* 作为参考基因进行 mRNA 的表达量的分析。PCR 条件同第一节。通过熔解曲线分析 PCR 产物的特异性，然后进行琼脂糖凝胶电泳验证结果的准

确性。每组三个重复反应，并且基于 $2^{-\Delta\Delta CT}$ 方法对靶基因表达量数据进行定量分析。Student－*t* 检验（IBM SPSS statistics version 22.0）分别检测孵化后 30 d 和 40 d 时雌性和雄性幼鱼脑组织中基因表达是否有显著性差异。显著性设为 $P<0.05$。

表 1－10　*β*－*actin* 和性别差异基因的 qPCR 引物

基因名称	引物	引物序列	产物长度（bp）
β－*actin*	Forward	CAATGGATCCGGTATGTGC	245
	Reverse	CGTTGTAGAAGGTGTGATGCC	
opsin5－*like*	Forward	TCCTCGCTGTCGTACATCGT	205
	Reverse	CGAGGAAGCCGATACATACG	
star	Forward	GAATGGAACCCTCACGTCAA	225
	Reverse	GTTCTCCGCTCTGATCATGC	
rhoGEF10	Forward	CGGTTTGTAGTCTGCTGGGA	128
	Reverse	AACGTTGTAGCCGGGGTT	
rhoGAPs－*28*	Forward	TGTCACATCGAGCTCTCCAC	237
	Reverse	TTCAGGAAGCAGCAACATCA	
cyp1a1－*like*	Forward	TGAAACAACTGAGGCTCCTG	181
	Reverse	ATCCGATTGGAGTCCAGGTA	
tgf－*β receptor 2*	Forward	GGCCTTCATCCTGGAACTCT	202
	Reverse	ATCAGCACTCAGGAAACGGT	

tgf－*β*－*receptor2*、*star*、*rhoGEF10* 和 *opsin5*－*like* 在孵化后 40 d 雄鱼脑中的表达水平显著高于雌鱼（$P<0.05$）。*rhoGAPs*－*28* 在孵化后 30 d 和 40 d 雄鱼脑中表达水平均显著高于雌鱼（$P<0.05$）。*cyp1a1*－*like* 在孵化后 30 d 时雌鱼脑中的表达显著高于雄鱼（$P<0.05$）（图 1－16）。6 个基因的 qPCR 结果与 RNA－Seq 数据进行比较结果是一致的。

四、讨论

近年来，已经报道了几种硬骨鱼类脑中性二态基因表达谱（Maehiro 等，2014；Yano 等，2014；Manousaki 等，2014；Lu 等，2005；Wang 等，2016）。但是，这些研究大多是以性腺形态已经分化后的性腺为材料进行的比较研究。使用 RNA－seq 技术鉴定性别分化早期的性别差异基因有助于进一步阐明红鳍东方鲀性别决定及分化机制。本部分研究对孵化后 30 d 和 40 d 的红鳍东方鲀幼鱼（尚未发生性腺形态上的性别分化）的脑中性别相关基因表达谱

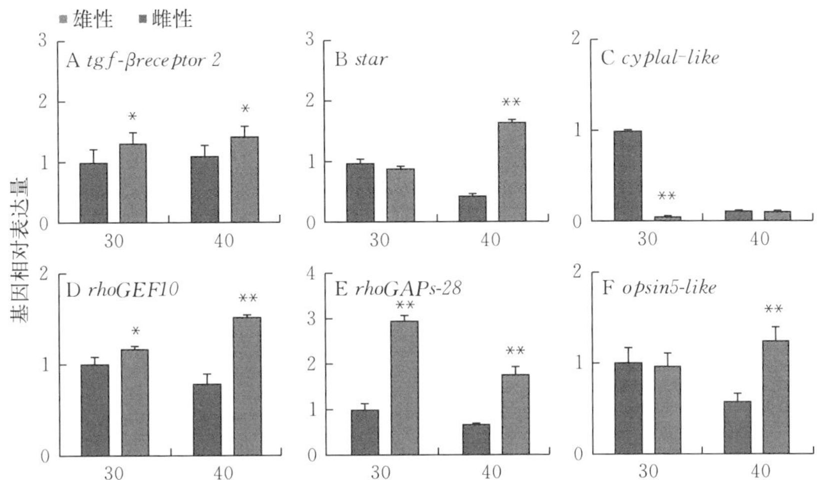

图 1-16　孵化后 30 d 和 40 d XX 和 XY 红鳍东方鲀脑中 *tgf-β-receptor 2*（A）、*star*（B）、*cyp1a1-like*（C）、*rhoGEF10*（D）、*rhoGAPs-28*（E）和 *opsin5-like*（F）的表达水平的变化

注：每个值代表三次测量值的平均值±标准误；*代表雌性和雄性组差异的显著性（$P<0.05$），Student-t 检验

进行分析。使用 qPCR 验证了 7 个候选基因的性二态表达模式，发现大多数差异表达基因在雄性红鳍东方鲀脑中上调，这与在尖吻重牙鲷和舌鳎的研究结果一致（Manousaki 等，2014；Wang 等，2016）。大多数差异表达基因也被发现在雄性个体的性腺中出现上调。此外，在脑中鉴定出的差异表达基因比在性腺中少，这与先前其他硬骨鱼类（Manousaki 等，2014；Lu 等，2005）和脊椎动物（Yang 等，2006；Mank 等，2008）的研究结果一致。

类固醇激素在各种重要的生理功能中都起着至关重要的作用，包括碳水化合物和离子稳态、对压力的反应、性别分化和繁殖（Dean 和 Sanders，1996；Truss 等，1992），它们主要由中枢神经系统、性腺、胎盘和肾上腺皮质分泌。所有类固醇激素均由胆固醇合成，其不同的生理作用取决于每种组织中的酶促反应通路（Barannikova 等，2002；Arukwe，2005；King 等，2002）。越来越多的证据表明，雌激素及其合成所需的酶 cyp19a1a 是硬骨鱼类卵巢分化过程中的高度保守的因子（Guiguen 等，2010）。在脑中，已经明确阐明类固醇激素在个体发育过程中具有多种作用（Schumacher 等，1996；Baulieu 等，2001）。从红鳍东方鲀脑转录组数据中发现了几个涉及类固醇通路的基因，如 *star*、*P450scc*、*cyp11b*、*cyp17a1*、*cyp17a2*、*cyp19b*、*cyp19a1* 和 *cyp1a1* 等。利用 qPCR 进一步分析了差异表达基因 *star* 和 *cyp1a1-like* 的表达，发现在孵化后 40 d 时，雄性的脑组织中 *star* 的表达水平显著高于雌性。在第一节中的研究结果还发现，在早期性别分化（孵化后 30 d 和 40 d）期间，XY 雄性性腺中 *star* 的表达水平显著高于 XX 雌性。因此，在调节性别分化中，*star* 可能参与了性腺和脑之间的相互作用。在 Cyp1 家族中，存在三个酶编码基因 *cyp1a1*、*cyp1a2* 和 *cyp1b1*（Nelson 等，1996）。除了参与类固醇生成通路外，某些 Cyp 同工酶（包括 Cyp3a 和 Cyp1a1 家族）在类固醇激素代谢中起关键作用，而且，体内雌激素水平参与调节这些类固醇的代谢和外源性 Cyps（Arukwe 等，1997；Arukwe，2005；Hasselberg 等，2005）。在孵化后 30 d 时，*cyp1a1* 在 XX 幼鱼脑中的表达水平显著高于 XY 红鳍东方鲀。在大多数鱼类中，P450arom 由两个独立的基因 *cyp19a1a* 和 *cyp19a1b* 编码。*cyp19a1a* 主要在卵巢中表达，也称为卵巢型芳香化酶；而 *cyp19a1b* 主要在脑中表达，也称为脑型芳香化酶。除了负责将雄激素转化为雌激素外，人们认为 Cyp19 在鱼的性腺分化和发育中起着关键作用。Cyp19a 酶在卵巢形成和卵巢发育中起重要作用，而 *cyp19b* 参与调节许多鱼类的生殖细胞成熟和精巢发育（Devlin 和 Nagahama，2002）。在红鳍东方鲀中，发现 *cyp19a1a* 和 *cyp19a1b* 均在脑中表达，但未观察到性别二态性的表达。因此，需要进一步更详细地研究 *cyp19a1b* 的表达模式。

甲状腺过氧化物酶（Thyroid peroxidase，TPO），也称为碘过氧化物酶，主要在甲状腺中表达，是甲状腺激素生物合成中的关键酶。TPO 催化碘氧化、酪氨酸残基碘化和碘酪氨酸残基偶联，产生甲状腺素（T4）和三碘甲状腺原氨酸（T3）（Ruf 和 Carayon，2006）。在红鳍东方鲀中，孵化后 40 d 时，TPO 样基因在 XY 雄性脑中的表达水平显著高于 XX 雌性。甲状腺激素是形态发生、生长、渗透调节、繁殖和皮肤色素沉着的关键调节因子（Blanton 和 Specker，2007）。越来越多的证据表明，它们在雄性生殖中起着至关重要的作用。然而，它们的确切作用尚不清楚（Wagner 等，2008；Tovo Neto 等，2018）。在一些鱼类和两栖动物中，人们发现甲状腺内分泌系统参与调节性腺性别分化。例如，在斑马鱼中，甲状腺功能亢进诱导甲状腺功能减退，延迟遗传雄性个体的精巢分化（卵巢向精巢的转化）和遗传雌性个体的雄性化（Mukhi 等，2007；Sharma 和 Patiño，2013）。最近，Sharma 等（2016）探索了其中隐藏的潜在分子机制，T4 诱导产生雄性化可能由于它能激活雄性并抑制雌性相关基因。例如，增加雄性性腺分化相关基因 *amh*（抗 Mül-lerian 激素）和 *ar*（雄激素受体）的表达，降低 *cyp19a1*（芳香化酶）和雌激素受体的表达。此外，甲巯咪唑不能诱导对卵巢分化至关重要的基因 *cyp19a1a*（Tovo Neto 等，2018）。因此，TPO 样基因在红鳍东方鲀脑中的性别二态性表达表明，甲状腺激素可能在精巢分化中发挥作用，未来应进行进一步的研究。

在孵化后 40 d 时，发现 *opsin5* 在红鳍东方鲀的雄性脑中的表达显著高于雌性脑。与哺乳动物不同，非哺乳动物的脊椎动物可以通过非视觉受体来调节光照的季节性繁殖（Nakane 等，2010）。例如，摘除鸭子双侧的眼球，鸭子依然能够对人工长日光照做出反应，精巢可以正常发育；而遮挡住脑后，则精巢不能正常发育（Benoit，1935）。去除鹌鹑的松果体和（或）眼睛不会破坏其对光周期的感知（Siopes 和 Wilson，1974）。相反，对下丘脑内侧基底部或端脑的间隔区进行局部照明同样会诱导精巢发育，表明这些区域可能在脑的深处存在禽类的光受体（Homma 等，1979；Oliver 和 Bayle，1982）。研究人员发现，在人和小鼠的脊髓、眼、睾丸和脑中有 *opsin5* 的表达（Tarttelin 等，2003）。在鸟类中，*opsin5* 被证明是下丘脑内的光受体，是调节精巢的季节性生长的候选光受体分子之一（Nakane 等，2010）。功能分析表明，*opsin5* 是一种感受短波长光的光色素基因。尽管人们怀疑短波光是否会穿透脑，但研究表明使用短波光能够诱导松果体切除的鹌鹑的精巢生长（Nakane 等，2010）。

在红鳍东方鲀，还发现孵化后 40 d 时，两种 Rho 鸟嘌呤核苷酸交换因子（*vav3* 和 *rhoGEF10*）、一种 RhoGTPase 激活蛋白（*rhoGAPs - 28*）在雄性脑中的表达水平显著高于雌性脑。在脑发育过程中，神经元通常会延伸多个神经突，然后进一步发育为单个轴突和多个树突，最后成熟（Huang 等，2017）。与细胞形状变化相关的神经元发育过程（如轴突生长和分支等）取决于细胞骨架的重组，而 Rho 家族的 GTPases 起着关键的调节作用（Ulc 等，2017；Huang 等，2017）。在中枢神经系统发育中，它们在与 GTP 结合的激活状态和与 GDP 结合的非激活状态之间切换，以转导信号，信号分别受 GTPase 激活蛋白（GAP）和鸟嘌呤交换因子（GEF）的调节（Cherfls 和 Zeghouf，2013）。RhoGAP 是刺激 GTP 水解的负调控因子，而 RhoGEF 是催化 GTP 结合和 GDP 释放的正向调节因子。过去几十年来研究发现，脊椎动物两性的脑中的胶质结构、神经结构和链接存在性别差异（McCarthy 等，2017）。例如，在大鼠的视前内侧区域（SDN - POA）中，雌性的核体积仅为雄性的几分之一，这与该区域神经元的数量和大小的性别差异有关（Gorski 等，1978；Gorski 等，1980）。在人、豚鼠、沙鼠、绵羊、雪貂、猴子和鬣狗中也发现了 SDN - POA（Forger，2001）。此外，在脑的其他区域包括终纹床核、下丘脑的前腹室周围核和杏仁核内侧也发现了性别差异（Cooke，2006；Forger，2006）。综上所述，*vav3*、*rhoGEF10* 和 *rhoGAPs - 28* 的雄性中表达水平高于雌性可能与神经结构的性别差异有关。在孵化后 40 d 红鳍东方鲀幼鱼中还发现，雄性脑中的 *tgf - β receptor - 2* 的表达水平高于雌性脑中的表达水平。前人研究表明，TGF - β 超家族通路的成员在性别决定及分化过程中起着至关重要的作用（Kamiya 等，2012；Hattori 等，2012；Myosho 等，2012；Li 等，

2015；Reichwald 等，2015；Jiang 等，2016）。*tgf-β receptor-2* 是 TGF-β 家族所有成员的受体，几乎在所有细胞类型中都表达（Busch 等，2015）。因此，这表明 *tgf-β receptor-2* 可能通过 TGF-β 信号通路在脑性别分化中起作用。

综上，本部分研究对雌性和雄性红鳍东方鲀幼鱼的脑组织进行了转录组学分析。通过比较性别分化早期雌性和雄性脑中的转录本来筛选鉴定差异表达基因。这些性别相关差异表达基因可能与脑-垂体-性腺轴所涉及的复杂调节网络相关，该网络连接神经系统和性别分化系统。

第二章

性类固醇激素对红鳍东方鲀性别分化的影响

与哺乳类不同的是，鱼类的性别决定和分化具有可塑性，容易受到环境因子（如温度，pH 等）、社会等级、外源激素等的影响（Devlin 和 Nagahama，2002；Kobayashi 等，2013；Liu 等，2017）。Yamamoto（1953）开创性地利用外源雄激素和雌激素分别诱导青鳉产生 100％的雄性化和雌性化，从而提出雌激素和雄激素分别是内源性的雌性和雄性诱导剂的假说。此后，许多研究探讨了激素对鱼类性别分化过程的影响（Miller，1988；Piferrer 等，1993；Payne 和 Hales，2004；Navarro - Martín 等，2009；Guiguen 等，2010）。*cyp19a1a* 编码细胞色素 P450 家族的一种催化雄激素合成雌激素的复合酶，是一种芳香化酶。*cyp19a1a* 的活性直接与体内雌激素的生成量有关，它在许多硬骨鱼类的雌性性腺中特异表达（Devlin 和 Nagahama，2002；Guiguen 等，2010）。而芳香化酶抑制剂（Aromatase inhibitor，AI）能在不影响其他激素生物合成的情况下，抑制芳香化酶的活性，使雄激素无法转化为雌激素，专一性地降低雌激素水平。芳香化酶抑制剂有氨鲁米特（aminoglutethimide，AG）、睾内酯（testolactone）、甾体福美坦（formestane）、法曲唑（fatrolzole）、非甾体类阿那曲唑（anastrozole）、甾体类依西美坦（exemestane）和来曲唑（letrozole）。其中，来曲唑是第三代芳香化酶抑制剂，具有高度特异性的特点，抑制芳香化酶作用达到 98％～99％，对血清中肾上腺皮质醇、醛固酮水平和甲状腺功能也没有负面影响，是目前使用最多的芳香化酶抑制剂（李延伸，2011）。采用芳香化酶抑制剂能使鱼类的雌性性腺雄性化（Piferrer 等，1994；Navarro - Martín 等，2009；Guiguen 等，2010；Paul - Prasanth 等，2013；Sun 等，2014）。例如，用 100 μg/g 和 200 μg/g 剂量的来曲唑可促进胡子鲇（*Clarias fuscus*）精巢分化，使初级精母细胞最早出现时间分别提前了 2 d 和 5 d，并且抑制卵巢分化，卵巢腔最早出现时间和初级卵母细胞出现时间分别推迟 3 d 和 6 d，雄性率分别达 65.8％和 71.3％。进一步研究发现，来曲唑显著抑制性腺分化过程中 *cyp19a1a* 和 *foxl2* 的表达（李广丽等，2013）。用来曲唑浸泡处理暗纹东方鲀（*T. obscurus*）也可降低雌性比例，抑制 *cyp19a1a* 的表达，但是暴露起始时间不同、暴露浓度不同，雌性性别比例也不同。起始时间为孵化后 10 d，暴露在 0.625 mg/L 浓度组中效果最好，雌鱼完全雄性化（李延伸，2011）。采用基因编辑的方法敲除 *cyp19a1a* 会使雌鱼雄性化（Li 等，2013；Li 等，2019；Zhang 等，2017；Dranow 等，2016；Lau 等，2016；Nakamoto 等，2018）。相反，采用雌激素处理的方法，可以使雄鱼发生雌性化逆转（Piferrer，2001；Saillant 等，2001；Pandian 和 Kirankumar，2003）。以上结果均表明，*cyp19a1a*、芳香化酶及雌激素对鱼类的卵巢分化至关重要。采用芳香化酶抑制剂或雌激素诱导产生伪雄鱼或伪雌鱼可用于生产上进行性别控制或学术研究。常用外源性雌激素有雌酮（estrone）、17β-雌二醇（17β-estradiol，E_2）和 17α-乙炔基雌二醇（17α-ethinyl estradiol）。将雄性鲤（*Cyprinus carpio*）暴露于含有雌酮的水体 90 d，其性腺会出现输卵管和卵母细胞（Gimeno 等，1996）。处于性别分化关键时期的雄性尼罗罗非鱼经 17α-乙炔基雌二醇诱导会完全性逆转，其性别相关基因 *cyp19a1a* 表达上调、*dmrt1* 表达下调（Kobayashi 等，2008）。在对红鳍东方鲀的研究中发现，E_2 对性别分化的影响具有剂量依赖性。将孵化后 15 d 的幼鱼浸泡在含有 10 μg/L 和 100 μg/L E_2 水体中 85 d 后，10 μg/L E_2 浸泡处理的所有个体发育成雌鱼；但是转移到正常水体中饲养到孵化后 160 d 发现，性腺发育成间性性腺；饲养到孵化后 270 d，性逆转的性腺恢复到精巢。而 100 μg/L E_2 浸泡处理所有个体也发育成雌鱼，转移到正常水体中饲养到孵化后 160 d，性逆转雄鱼中 38%的个体性腺依旧是卵巢，62%已经发育成间性性腺；在孵化后 270 d 达到 43%和 57%；孵化后 400 d 时为 56%和 44%，没有完全重新恢复到精巢的个体。研究人员还发现，性逆转个体性腺中的 *cyp19a1a*、*foxl2* 和 *sox9b* 的表达水平上升，*dmrt1*、*amh* 和 *sox9a* 基因的表达水平降低（Hu 等，2019）。

在硬骨鱼中，主要的内源性雄激素是 11-酮睾酮（11-ketotestosterone，11-KT）（Borg，1994），类固醇生成酶 11β-羟化酶（steroidogenic enzymes 11β-hydroxylase，*cyp11c1*）和 11β-羟基类固醇脱氢酶 2（11β-hydroxysteroid dehydrogenase 2，hsd11b2）负责将睾酮和雄烯二酮转化为 11-KT（Kusakabe 等，2002；Kusakabe 等，2003；Wang 等，2007）。几种外源性合成雄激素，如 17α-甲基二羟睾酮（17α-methydihydrotestosterone）、米勃酮（mibolerone）、17α-甲基睾酮（17α-methyltestosterone，MT）、甲睾酮（mesterolone）和 17β-群勃龙（17β-trenbolone）在结构上与内源性雄激素睾酮和 11-KT 类似（Pandian 和 Sheela，1995）。对于雌雄异体鱼类来说，在性别分化早期阶段用合成雄激素处理可诱导精巢发育，促进早熟精子发生，并增加雄性比例（Piferrer，1993；Nakamura 和 Iwahashi，1982；Kitano 等，2000；Seki 等，2004；Feist 等，1995；Blázquez 等，1995；Sone 等，2005；

Larsen 和 Baatrup，2010）。例如，给孵化后 30 d 的牙鲆（*Paralichthys olivaceus*）投喂拌有 10 μg/g 17α-甲基睾酮的饲料 70 d，雌鱼成功发生性别逆转，其性腺组织中的 *cyp19a1a* 表达被抑制，而 *Dmrt1* 表达上调（Fan，2017）。研究还发现，雄激素诱导的由雌性到雄性性逆转鱼是可育的（Orn 等，2003；Orn 等，2006；Baumann 等，2014；Morthorst 等，2010；Pandian 和 Kirankumar，2003；Budd 等，2015）。在合成雄激素中，MT 诱导雌鱼雄性化效果较好，是生产单性雄鱼最常用的雄激素（Pandian 和 Sheela，1995）。尽管人们发现，雄激素不会启动性腺性别分化，但对于性别分化的维持至关重要（Devlin 和 Nagahama，2002；Fernandino 等，2012）。

研究人员关于内源性类固醇激素在鱼类性别分化中的作用提出两种假说，即平衡假说和缺失假说。平衡假说是基于利用性类固醇激素能成功控制鱼类性别提出的，强调雌激素和雄激素在性分化中的作用，认为鱼类性腺分化方向主要取决于哪一种性类固醇激素占优势（周林燕等，2004）。缺失假说认为雌激素是鱼类性别分化的关键因素，在性别决定关键时期若体内有雌激素的合成则发育为雌性，没有雌激素的合成则发育为雄性。蒋小龙（2014）使用 50 μg/L 的 E_2 和 MT，进行同时和单独浸泡处理性别决定及分化关键时期（孵化后 5 d）的遗传全雌（雌性）和全雄（雄性）的尼罗罗非鱼 30 d，转移到清水中养殖到孵化后 120 d。研究发现，MT 能诱导雌性鱼 100%性逆转，MT+E_2 则不能诱导雌性性逆转，E_2 能诱导 62.5%的雄性性逆转，MT+E_2 也能诱导 52%的雄性性逆转。同时发现在 E_2 处理雄性组中，处理后 5 d 只有 *dmrt1* 表达；处理后 10 d，*dmrt1* 和 *cyp19a1a* 同时表达；处理后 30 d 只有 *cyp19a1a* 表达。而 MT 处理雌性组鱼性逆转过程中，处理后 5 d 只有 *cyp19a1a* 表达；处理后 10 d，*dmrt1* 和 *cyp19a1a* 同时表达；处理后 30 d 只有 *dmrt1* 表达。处理后 115 d（孵化后 120 d）时，经 MT+E_2 处理的雌性或雄性诱导组中的雌鱼，血清中含有的 E_2 水平均与对照组雌鱼相似，11-KT 水平与对照组雄鱼相似。因此，研究人员认为在尼罗罗非鱼性别决定及分化关键时期，雌激素对性别具有决定作用。这个结果也为缺失假说提供了有力的证据。

第一节　雌、雄激素以及芳香化酶抑制剂处理对生长和存活的影响

一、雌、雄激素以及芳香化酶抑制剂处理对生长的影响

以孵化后 20 d 的红鳍东方鲀幼鱼［平均体长（6.40±0.1）mm］为研究

对象。经过 5 d 暂养，将 11 400 尾实验鱼分为 4 组，即对照组、芳香化酶抑制剂（AI）、甲基睾酮（MT）和 17β-雌二醇（E_2）处理，每组 3 个平行（950 尾/桶）。AI 和 MT 处理组分别使用 AI 含量 500 μg/g 饲料和 MT 含量 100 μg/g 饲料进行投喂，处理时间为孵化后 25～80 d。E_2 处理组的幼鱼每天浸泡在 E_2 浓度为 100 μg /L 的水中 2 h，处理时间为孵化后 25～80 d。

在处理后 40 d 和 55 d 时，从每个养殖桶随机选取 10 只幼鱼，冰上麻醉后测量幼鱼体长。图 2-1A 和图 2-1B 分别为各组幼鱼在处理 40 d 和 55 d 后的体长。在处理 40 d 后，对照组和 AI 处理组幼鱼体长差异不显著（$P>0.05$），但 MT 处理组和 E_2 处理组的幼鱼体长均显著低于对照组（$P<0.05$）。在处理后 55 d 时也得到了类似的结果。

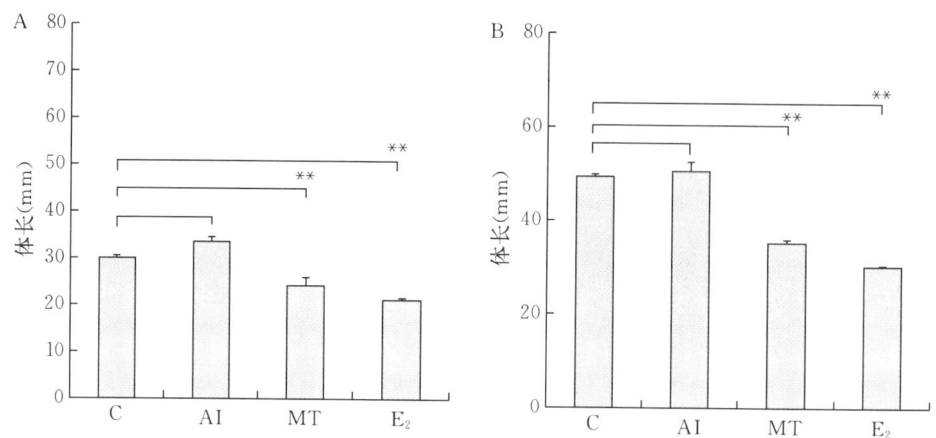

图 2-1　各处理组红鳍东方鲀幼鱼的体长：A 为处理后 40 d 各组中红鳍东方鲀幼鱼的体长，B 为处理后 55 d 各组中红鳍东方鲀幼鱼的体长

注：C，对照组；AI，AI 处理组；MT，MT 处理组；E_2，E_2 处理组；每个值表示平均值±标准差（$n=10$/水槽，每组三个水槽）；**表示 XX 和 XY 组之间的极显著性差异（$P<0.01$）

二、雌、雄激素以及芳香化酶抑制剂处理对存活的影响

按照前述处理，统计了处理 55 d 后的最终存活率。每天计数表面和底部死亡鱼的尾数。存活率参考 Bergot 等（1986）使用的公式进行计算。处理 55 d 后，与对照组相比，AI 处理和 MT 处理组的幼鱼存活率无显著差异（$P>0.05$）；然而，E_2 处理组的幼鱼存活率仅为 17%，显著低于对照组幼鱼的存活率（$P<0.05$）（图 2-2）。

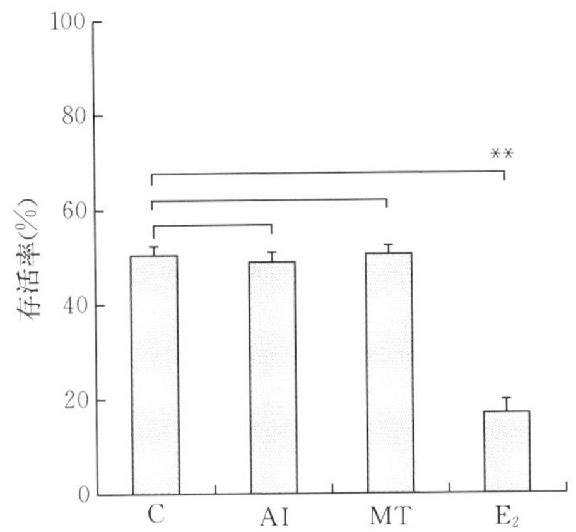

图 2－2　处理后 55 d 各处理组红鳍东方鲀幼鱼的存活率

注：C，对照组；AI，AI 处理组；MT，MT 处理组；E_2，E_2 处理组；每个值表示平均值±标准差（n=10/水槽，每组三个水槽）；**表示 XX 和 XY 组之间的极显著性差异（$P<0.01$）

第二节　雌、雄激素以及芳香化酶抑制剂处理对性别的影响

一、处理后性腺组织学变化

在处理 55 d 时，收集组织样本（含有生殖腺的躯干部）（n＝30/处理），固定在波恩氏液溶液中进行组织学分析。在石蜡包埋前，用浓度梯度乙醇对存储在 70%的乙醇中的组织进行脱水处理。将石蜡包埋好的组织切成 6 μm 的切片，用苏木精和伊红进行染色。使用光学显微镜（Imajer. A2，ZEISS，德国）进行显微镜检查和拍照。为了确定进行组织学观察后的个体的遗传性别，使用石蜡组织 DNA 提取试剂盒（TIANamp FFPE DNA 试剂盒，天根，中国）从切片剩下的石蜡组织中提取 DNA，然后进行 PCR 扩增和性别鉴定为确定 *amhr2* 第 9 外显子上 SNP 的基因型，如第一章所述，使用引物 SD3exon8F 和 SD3exon10R 扩增含有外显子 9 和侧翼内含子的区域基因，雄性基因型为 C/G（XY），雌性基因型为 C/C（XX）。

对照组卵巢中具有产卵板和卵巢腔，有大量卵原细胞和少量的卵母细胞在产卵板上（图 2－3A）。可在精巢中观察到大量精原细胞，未发现性反转幼鱼(图 2－3B)。AI 和 MT 处理成功诱导了幼鱼性腺的雄性化，所有样本都具有与对照雄性相似的精巢结构或间性性腺，性腺含有空腔或卵巢腔畸形（图 2－3C～F）。E_2 诱导遗传雄性的性腺向卵巢方向发育。E_2 处理组未发现精巢结构，此外，发现 MT 和 E_2 处理组幼鱼的性腺要小于对照组（图 2－3E～H）。

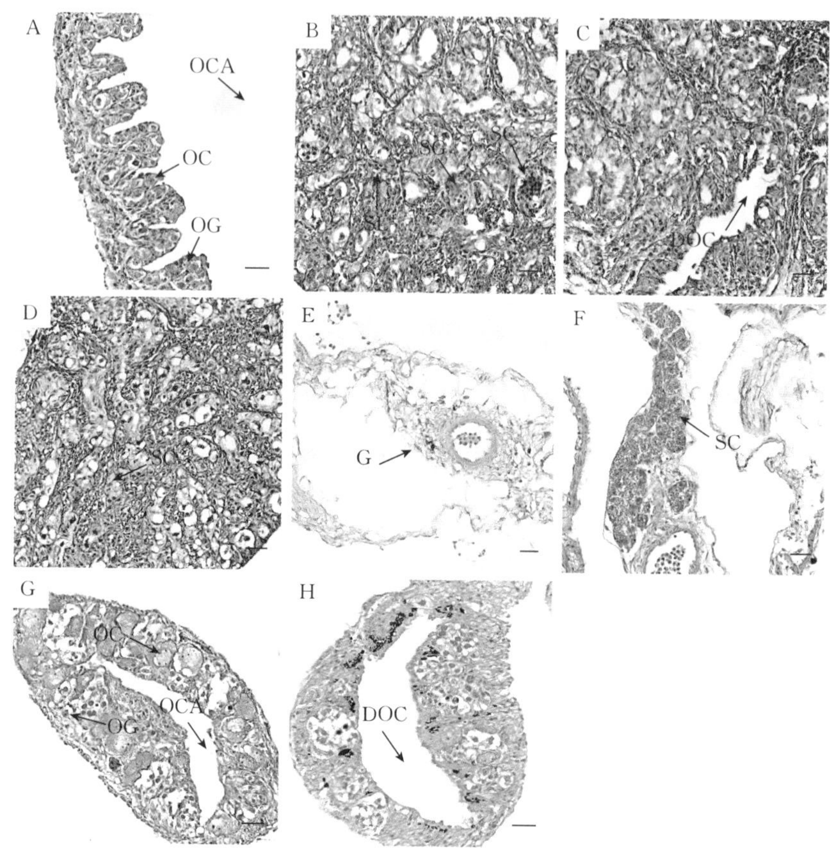

图 2－3　处理后 55 d 红鳍东方鲀性腺发育的组织切片

注：A 和 B，对照组的卵巢和精巢；C 和 D，AI 处理组的间性性腺（遗传性别为 XX）和精巢（遗传性别为 XY）；E 和 F，MT 处理组的间性性腺（遗传性别为 XX）和精巢（遗传性别为 XY）；G 和 H，E_2 处理组的卵巢（遗传性别为 XX）和间性性腺（遗传性别为 XY）。OG，卵原细胞；OC，卵母细胞；OCA，卵巢腔；DOC，畸形卵巢腔；SL，精小囊；SG，精原细胞；比例尺，30 μm

二、处理后性别比例变化

基于对孵化后 80 d（即处理后 55 d）幼鱼的遗传型性别验证和性腺的组织学分析，对各组的红鳍东方鲀幼鱼性别比例进行了统计，发现对照组的 30 尾幼鱼中，性腺分化为精巢和卵巢的个体数量分别为 40%和 60%，未发现性逆转的幼鱼。AI 和 MT 处理组幼鱼性腺均具有精巢特征，雄性化率达到 100%，成功诱导了幼鱼性腺的雄性化。E_2 诱导遗传雄性的性腺向卵巢方向发育。E_2 处理组未发现精巢结构，所有遗传雄性幼鱼均发育出卵巢腔和与对照组相似的卵巢结构，诱导率也为 100%（表 2-1）。

表 2-1　处理后 55 d 不同处理组红鳍东方鲀性别比例

组别	精巢	卵巢	雄性化性腺	雌性化性腺
对照组	12	18	0	0
AI 处理组	0	0	30	0
MT 处理组	0	0	30	0
E_2 处理组	0	0	0	30

第三节　雌、雄激素以及芳香化酶抑制剂对性别分化相关基因表达的影响

处理后 25 d、40 d 和 55 d，分别在每个实验桶采集 100 只幼鱼的生殖腺（300 尾/处理），置于装有 100 μL RNAlater 试剂的试管中，保存于−80 ℃冰箱用于后续提取 RNA。为了鉴定每只幼鱼的性别，将每条鱼肌肉组织样本保存在含有无水乙醇的 1.5 mL 试管中，存放在−20 ℃的冰箱中。遗传性别鉴定后，分别提取各组中的 XX 和 XY 幼鱼性腺的 RNA。测定了对照组和各处理组处理后 55 d 的各组红鳍东方鲀幼鱼发育中性腺的转录组。测序 8 个 cDNA 文库分别得到 45 874 794（C-XX）、45 793 670（C-XY）、52 500 030（AI-XX）、45 315 732（AI-XY）、46 558 754（MT-XX）、46 652 672（MT-XY）、46 384 000（E_2-XX）和 47 293 470（E_2-XY）条 Raw Read。去除低质量的序列，共得到 367 752 950 Clean Read（表 2-2）。

表 2-2　转录组测序数据统计结果

样品名	Raw Read 数量	Clean Read 数量	与基因组比对上的 Read 数量	比对到基因组单一位置的 Read 数量	比对到基因组多个位置的 Read 数量
C_XX	45 874 794	44 634 680	42 171 942 (94.48%)	40 558 161 (90.87%)	1 613 781 (3.62%)
C_XY	45 793 670	44 951 110	42 239 017 (93.97%)	40 644 819 (90.42%)	1 594 198 (3.55%)
AI_XX	52 500 030	51 347 576	48 003 740 (93.49%)	45 972 576 (89.53%)	2 031 164 (3.96%)

（续）

样品名	Raw Read 数量	Clean Read 数量	与基因组比对上的 Read 数量	比对到基因组单一位置的 Read 数量	比对到基因组多个位置的 Read 数量
AI _ XY	45 315 732	44 298 322	41 887 337 (94.56%)	40 086 183 (90.49%)	1 801 154 (4.07%)
E_2 _ XX	46 384 000	45 467 740	42 577 856 (93.64%)	40 897 696 (89.95%)	1 680 160 (3.7%)
E_2 _ XY	47 293 470	45 859 500	43 314 880 (94.45%)	41 680 629 (90.89%)	1 634 251 (3.56%)
MT _ XX	46 558 754	45 321 958	42 599 620 (93.99%)	40 858 467 (90.15%)	1 741 153 (3.84%)
MT _ XY	46 652 672	45 872 064	43 093 995 (93.94%)	41 390 895 (90.23%)	1 703 100 (3.71%)

如图 2－4 至图 2－6、表 2－3 至表 2－5 所示，将各组间基因表达谱进行比较后发现了大量的差异表达基因。在这些差异基因中，在 C－XX/C－XY 之间有 621 个差异基因，包括 306 个上调基因（如 *cyp19a1a*、*zp3* 和 *foxl2*）以及 315 个下调基因（如 *dmrt1*、*dmrt3*、*gsdf* 和 *cyp11c1*）。在 AI－XX/C－XX 之间共鉴定出 564 个差异基因，包括 365 个上调基因（如 *dmrt1*、*dmrt3*、*gdsf*、*lhcgr* 和 *cyp11c1*）以及 219 个下调基因（如 *cyp19a1a*、*foxl2*、*hsd17b1*、*zp3*、*igfbp1*）。另外，MT－XX/C－XX 之间的差异基因数量最多（6 021 个），其中，*hsd17b7*、*edem1*、*edem3* 等 2 573 个基因表达上调，*cyp19a1a*、*foxl2*、*gsdf*、*hsd3b1*、*hsd17b1*、*star*、*cyp17a1*、*cyp11c1*、*zpb3*、*zpb4* 等 448 个基因表达下调。在 E_2－XY/C－XY 之间，共鉴定出 1 625 个差异表达基因，其中 581 个基因表达上调（如 *zp3*、*zp4*、*vtg1－like*、*foxl2* 和 *vtg2－like*）；1 044 个基因表达下调（如 *dmrt1*、*gsdf*、*cyp11a1*、*cyp17a1*、*cyp19a1*、*esr1*、*hsd3b1*、*hsd17b1* 和 *cyp11c1*）。在 E_2－XX/C－XX 之间鉴定出 1 789 个差异基因，其中 939 个基因表达上调（如 *hsd17b7*），850 个基因表达下调（如 *cyp17a1*、*dmrt1* 和 *amhr2*）。在 AI－XX/MT－XX 之间，共鉴定出 5 970 个差异基因，其中 3 510 个基因上调（如 *dmrt1*、*cyp17a1*、*esrrb* 和 *nanos*），2 460 个基因下调（如 *hsd17b7*）。在 AI－XY/MT－XY 之间鉴定出 6 384 个DEGs，其中 3 834 个基因上调（如 *nr5a2*、*esrrb*、*nanos* 和 *amhr2*），2 550 个基因下调（如 *hsd17b7*）。在 E_2 _ XX/C _ XX 之间，发现 2 433 个 DEGs，其中 1 124 基因上调（如 *hsd17b7*），1 390 个基因下调（如 *cyp17a1*，*dmrt1*，*zp4*，*amhr2* 和 *nr5a2*）。

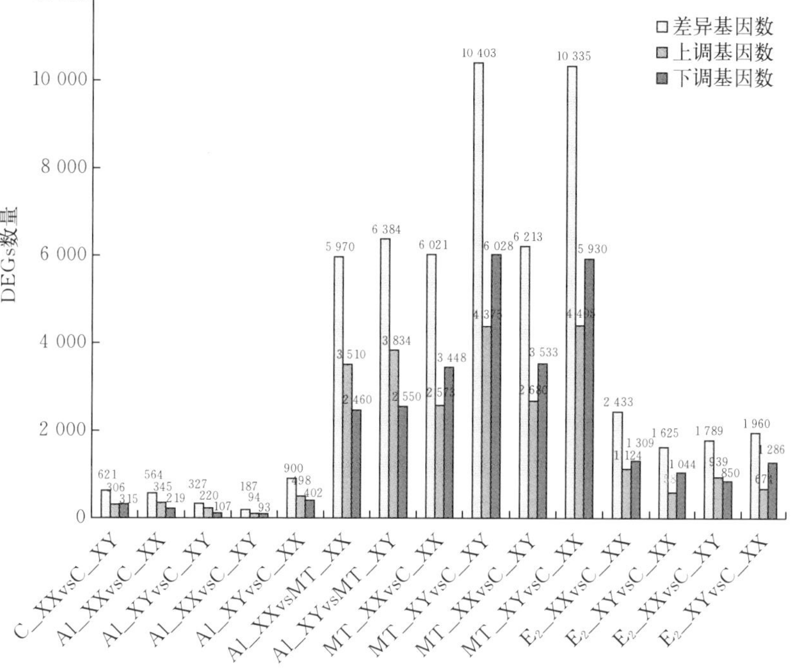

图 2-4　不同处理组之间差异表达基因的数量统计结果

注：C _ XX，对照组 XX；C _ XY，对照组 XY；AI _ XX，AI 处理的 XX；AI _ XY，AI 处理的 XY；E_2 _ XX，E_2 处理的 XX；E_2 _ XY，E_2 处理的 XY；MT _ XX，MT 处理的 XX；MT _ XY，MT 处理的 XY

表 2-3　在 C _ XX/C _ XY 和 AI _ XX/C _ XX 对比组筛选得到的代表性差异表达基因

基因名称	$\log_2$ Fold change 值	描述
(C _ XX/C _ XY)		
cyp19a1a	6.77	cytochrome P450 19A1 - like%2C transcript variant X1
dmrt1	−5.17	doublesex and mab - 3 related transcription factor 1
dmrt3	−7.06	doublesex and mab - 3 related transcription factor 3
foxl2	5.75	forkhead box L2
gsdf	−1.95	gonadal somatic cell derived factor
hsd17b1	7.13	hydroxysteroid (17 - beta) dehydrogenase 1
igfbp1	9.64	insulin - like growth factor binding protein 1
lhcgr	−2.06	luteinizing hormone/choriogonadotropin receptor
zp3	4.42	zona pellucida sperm - binding protein 3 - like
cyp11c1	−3.5	cytochrome P450 11B，mitochondrial

（续）

基因名称	log_2 Fold change 值	描述
（AI _ XX/C _ XX）		
cyp19a1a	−10.00	cytochrome P450 19A1 - like，transcript variant X1
dmrt1	5.57	doublesex and mab - 3 related transcription factor 1
dmrt3	7.45	doublesex and mab - 3 related transcription factor 3
gsdf	1.88	gonadal somatic cell derived factor
foxl2	−4.25	forkhead box L2
hsd17b1	−6.78	hydroxysteroid（17 - beta）dehydrogenase 1
igfbp1	−2.89	insulin - like growth factor binding protein 1
lhcgr	2.33	luteinizing hormone/choriogonadotropin receptor
zp3	−3.06	zona pellucida sperm - binding protein 3 - like
cyp11c1	2.1	cytochrome P450 11B，mitochondrial

表 2-4　在 E_2 _ XY/C _ XY 和 MT _ XY/C _ XX 比较组中筛选得到的代表性差异表达基因

基因名	log_2 Fold change 值	描述
（MT _ XX/C _ XX）		
cyp11a1	−11.04	cholesterol side - chain cleavage enzyme，mitochondrial
cyp11c1	−1.41	cytochrome P450 11B，mitochondrial
cyp17a1	−9.50	cytochrome P450 family 17 polypeptide 1
cyp19a1	−10.4	cytochrome P450 19A1 - like，transcript variant X1
esrrb	−7.25	estrogen - related receptor beta
edem1	1.63	ER degradation enhancer，mannosidase alpha - like 1，transcript variant X3
edem3	1.21	ER degradation enhancer，mannosidase alpha - like 3，transcript variant X1
foxl2	−5.43	forkhead box L2
gsdf	−3.41	gonadal somatic cell derived factor
hsd3b1	−4.63	hydroxy - delta - 5 - steroid dehydrogenase，3 beta - and steroid delta - isomerase 1
hsd17b1	−6.80	hydroxysteroid（17 - beta）dehydrogenase 1

（续）

基因名	$\log_2$ Fold change 值	描述
hsd17b7	11.10	hydroxysteroid (17 - beta) dehydrogenase 7
igfbp1	−4.63	insulin - like growth factor binding protein 1
igfbp5	−2.32	insulin - like growth factor binding protein 5
nanos2	−6.04	nanos homolog 2 - like
star	−1.40	steroidogenic acute regulatory protein, transcript variant X1
zp3	−5.51	zona pellucida sperm - binding protein 3 - like
zp4	−4.21	zona pellucida sperm - binding protein 4 - like
P450c21	−7.13	steroid 21 - hydroxylase
(E_2 _ XY/C _ XY)		
amhr2	−4.35	anti - Mullerian hormone receptor, type II, transcript variant X1
cyp11a1	−8.11	cholesterol side - chain cleavage enzyme, mitochondrial
cyp11c1	−3.93	cytochrome P450 11B, mitochondrial
cyp17a1	−7.50	cytochrome P450 family 17 polypeptide 1
cyp17a2	−9.60	cytochrome P450 family 17 polypeptide 2
cyp19a1	−3.90	cytochrome P450 19A1 - like, transcript variant X1
dmrt1	−13.27	doublesex and mab - 3 related transcription factor 1
esr1	−2.24	estrogen receptor 1, transcript variant X2
foxl2	2.60	forkhead box L2
gsdf	−8.00	gonadal somatic cell derived factor
hsd3b1	−8.05	hydroxy - delta - 5 - steroid dehydrogenase, 3 beta - and steroid delta - isomerase 1
hsd17b1	−5.80	hydroxysteroid (17 - beta) dehydrogenase 1
lhcgr	−4.21	luteinizing hormone/choriogonadotropin receptor, transcript variant X3
nanos2	−3.69	nanos homolog2 - like
nr5a2	−5.15	nuclear receptor subfamily 5 group A member 2 - like
vtg1	10.87	vitellogenin - 1 - like, transcript variant X1
vtg2	7.94	vitellogenin - 2 - like
star	−8.45	steroidogenic acute regulatory protein, mitochondrial - like
zp3	11.16	zona pellucida sperm - binding protein 3 - like
zp4	6.18	zona pellucida sperm - binding protein 4 - like

表 2-5 在 E_2 _ XX/C _ XX，AI _ XX/MT _ XX 和 AI _ XY/MT _ XY 对比组筛选得到的代表性差异表达基因

基因名	log_2 Fold change 值	描述
(AI _ XX/MT _ XX)		
cyp17a1	7.29	cytochrome P450 family 17 polypeptide 1
dmrt1	4.74	doublesex and mab-3 related transcription factor 1
dmrt3	5.38	doublesex and mab-3 related transcription factor 3
hsd17b7	−10.54	hydroxysteroid (17-beta) dehydrogenase 7
Igf-1r	2.63	insulin-like growth factor 1 receptor，transcript variant X2
zp3	3.83	zona pellucida sperm-binding protein 3-like
zp4	3.79	zona pellucida sperm-binding protein 4-like
esrrb	6.80	estrogen-related receptor beta
nanos2	9.01	nanos homolog 2-like
amhr2	5.34	anti-Mullerian hormone receptor，type II，transcript variant X1
nr5a2	7.90	nuclear receptor subfamily 5 group A member 2-like
(AI _ XY/MT _ XY)		
nr5a2	4.67	nuclear receptor subfamily 5 group A member 2-like
dmrt1	2.81	doublesex and mab-3 related transcription factor 1
dmrt3	3.49	doublesex and mab-3 related transcription factor 3
hsd17b7	−11.21	hydroxysteroid (17-beta) dehydrogenase 7
Igf-1r	1.65	insulin-like growth factor 1 receptor，transcript variant X2
zp3	2.54	zona pellucida sperm-binding protein 3-like
zp4	3.60	zona pellucida sperm-binding protein 4-like
esrrb	6.93	estrogen-related receptor beta
nanos2	7.22	nanos homolog 2-like
amhr2	4.54	anti-Mullerian hormone receptor，type II，transcript variant X1
(E_2 _ XX/C _ XX)		
cyp17a1	−6.44	cytochrome P450 family 17 polypeptide 1
dmrt1	−8.16	doublesex and mab-3 related transcription factor 1
hsd17b7	6.62	hydroxysteroid (17-beta) dehydrogenase 7
zp4	−2.01	zona pellucida sperm-binding protein 4-like
amhr2	−4.18	anti-Mullerian hormone receptor，type II，transcript variant X1
nr5a2	−3.82	nuclear receptor subfamily 5 group A member 2-like

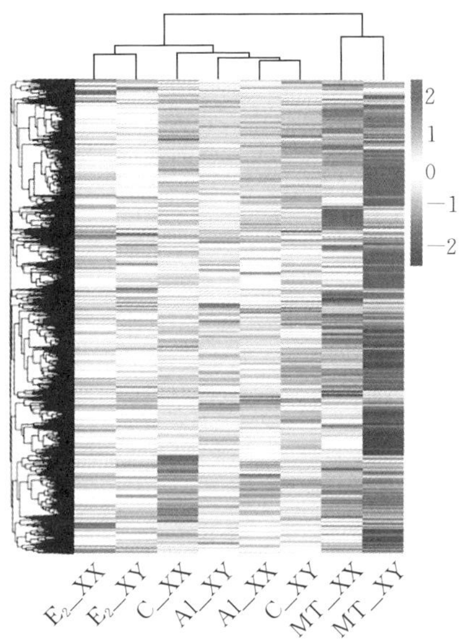

图 2-5　各样本间筛选得到的差异表达基因的热图分析结果

注：C_XX，对照组 XX；C_XY，对照组 XY；AI_XX，AI 处理的 XX；AI_XY，AI 处理的 XY；E_2_XX，E_2 处理的 XX；E_2_XY，E_2 处理的 XY；MT_XX，MT 处理的 XX；MT_XY，MT 处理的 XY

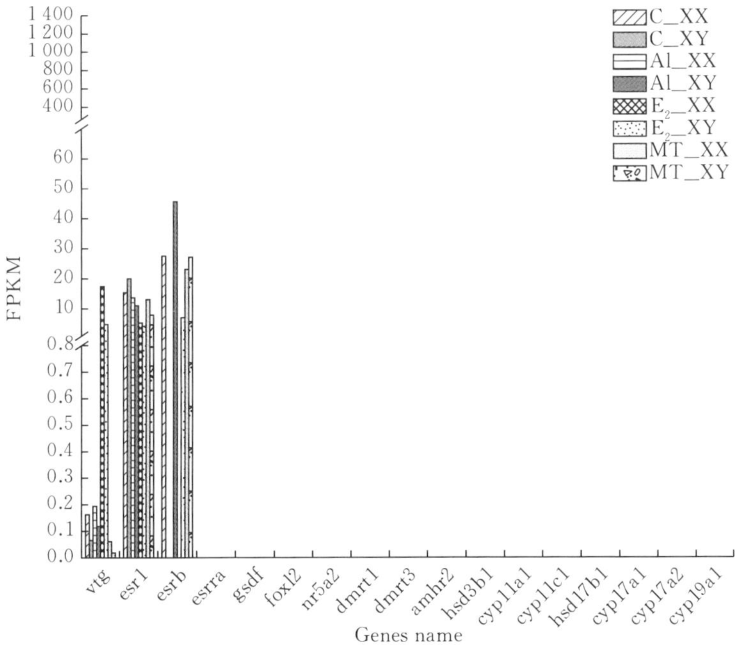

图 2-6　RNA-seq 分析后 *vtg*、*esr1*、*esrb*、*esrra*、*gsdf*、*foxl2*、*nr5a2*、*dmrt1*、*dmrt3*、*amhr2*、*hsd3b1*、*cyp11c1*、*hsd17b1*、*cyp17a1*、*cyp17a2*、*cyp19a* 和 *cyp11a1* 的 FPKM 值

对差异基因进行了 GO 和 KEGG 的富集分析（图 2－7 和图 2－8）。在

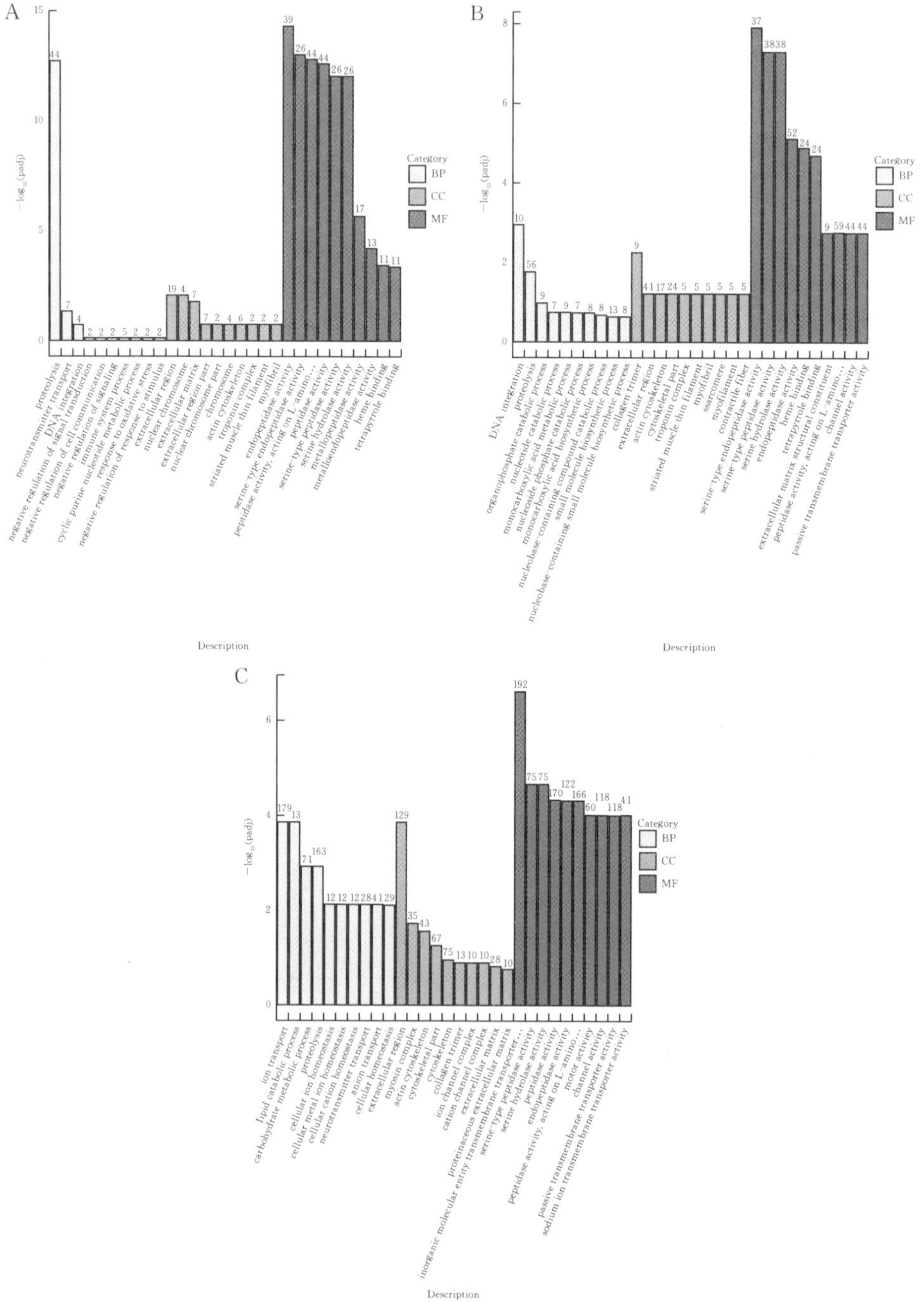

图 2－7　AI＿XX vs C＿XX（A）、E_2＿XY vs C＿XY（B）和 MT＿XX vs C＿XX（C）的差异表达基因的 GO 富集分析

AI _ XX vs C _ XX（图 2－7A）、E_2 _ XY vs C _ XY（图 2－7B）和 MT _ XX vs C _ XX（图 2－7C）比较中发现，DEGs 主要富集在分子功能（molecular function），其次是生物过程（biological process）和细胞组分（cellular component）GO term 中。在 AI _ XX vs C _ XX 比较组中，DEGs 主要显著富集在生物过程的蛋白水解（proteolysis）和神经递质运输（neurotransmitter transport）GO term 中，细胞组分的胞外区（extracellular region）和细胞外基质（extracellular matrix）GO term 中，以及分子功能的肽酶活性（peptidase activity）GO term 中。在 E_2 _ XY vs C _ XY 对比组中，DEGs 主要富集在生物过程的离子转运（ion transport）和蛋白水解（proteolysis），细胞组分的胞外区（extracellular region）和细胞骨架（cytoskeleton），以及分子功能的无机分子实体跨膜转运蛋白活性（inorganic molecular entity transmembrane transporter activity）和肽酶活性（peptidase activity）GO term 中。在 MT _ XX vs C _ XX 比较组，DEGs 主要富集在生物过程的蛋白水解（proteolysis）和小分子生物合成过程（small molecule biosynthetic process），细胞组分的胞外区（extracellular region）和细胞骨架（cytoskeleton），以及分子功能的肽酶活性（peptidase activity），作用于 L－氨基酸肽（acting on L－amino acid peptides）和内肽酶活性（endopeptidase activity）。

图 2－8 显示了 DEGs 显著富集的前 20 信号通路。其中，在 AI _ XX vs C _ XX 比较组中，DEGs 显著富集在神经活动配体-受体相互作用（neuroactive ligand－receptor interaction）、细胞黏附分子（cell adhesion molecules）和紧密连接（tight junction）等通路上（图 2－8A）。在 E_2 _ XY vs C _ XY 对比组中，DEGs 主要富集在神经活动配体-受体相互作用、细胞黏附分子和细胞外基质-受体相互作用（extracellular matrix － receptor interaction）等通路（图 2－8B）。在 MT _ XX vs C _ XX 对比组中，DEGs 显著富集在神经活动配体-受体相互作用、钙离子信号通路（calcium signaling pathway）和心肌细胞肾上腺素能信号传导（adrenergic signaling in cardiomyocytes）等通路（图 2－8C）。

为了验证 RNA － seq 的结果，采用 qPCR 技术检测了 *dmrt1*、*gsdf*、*cyp19a1a*、*foxl2* 在处理后 25 d、40 d、55 d 的表达情况。使用引物信息如表 2－6所示。对照组 XY 性腺 *dmrt1* 和 *gsdf* mRNA 表达水平显著高于 XX 性腺。在处理后 25 d、40 d 和 55 d 时，XX 性腺中 *foxl2* 和 *cyp19a1a* 表达水平显著高于 XY 性腺（$P<0.05$）。在 AI 处理组，*gsdf* 在 XX 性腺内的表达量在处理后 40 d 和 55 d 显著高于 XY 个体。*dmrt1* 在 XX 性腺内的表达量也有所增加，但早于 *gsdf*，在处理 25 d、40 d 和 55 d 均显著高于对照组 XX（$P<0.05$）。AI 处理的 XX 性腺中 *foxl2* 和 *cyp19a1a* 的表达水平从处理 25 d 开始随即下降；而在处理后 55 d 时，AI 处理的 XX 性腺中 *foxl2* 和 *cyp19a1a* 的表

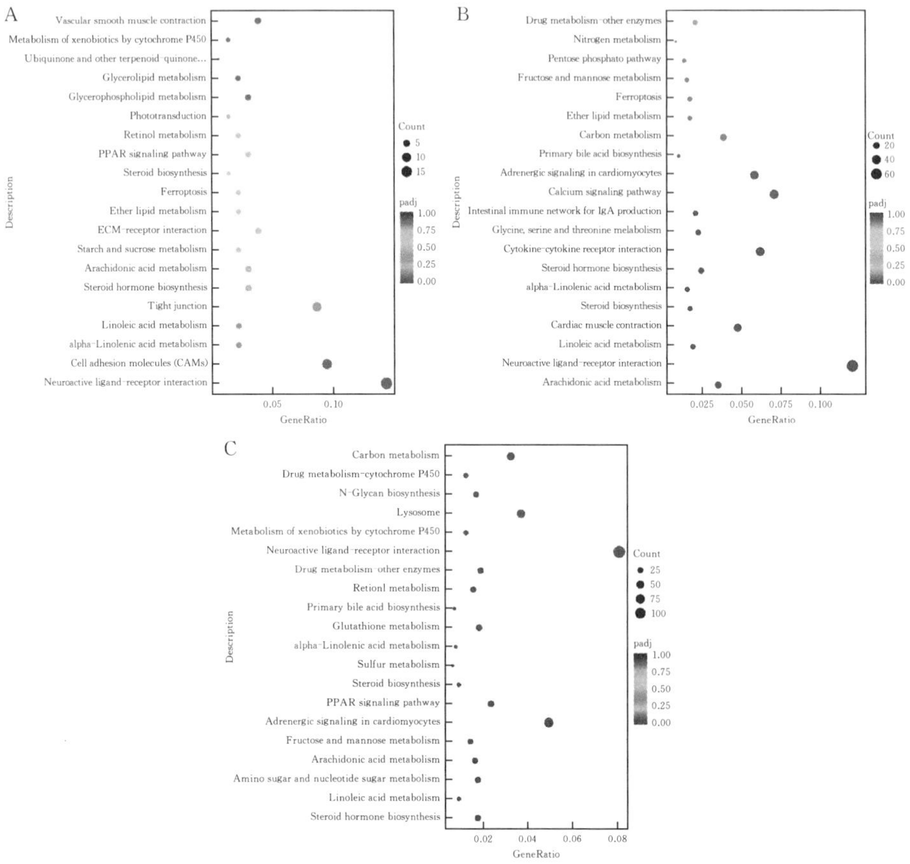

图 2-8 AI_XX vs C_XX（A）、E_2_XY vs C_XY（B）和 MT_XX vs C_XX（C）的差异表达基因的 KEGG 富集分析

达水平与对照无显著差异（$P>0.05$）（图 2-9）。与对照组 XX 和 XY 幼鱼相比，MT 处理后，遗传 XX 和 XY 幼鱼性腺中的 *gsdf* 表达水平显著降低（$P<0.05$）。*dmrt1* 与 *gsdf* 的表达模式相似。与对照组的 XX 和 XY 相比，MT 处理后遗传 XY 和 XX 幼鱼性腺中的 *foxl2* 和 *cyp19a1a* 表达水平显著降低（$P<0.05$）（图 2-10）。由于 E_2 处理组的幼鱼生长和成活率较低，因此只检测了处理后 55 d 的幼鱼性腺中的性别相关基因的表达水平。研究发现 E_2 处理的 XY 性腺中 *dmrt1* 和 *gsdf* 的表达水平在雌性化过程中显著降低（$P<0.05$）；然而，E_2 处理后 XY 性腺中 *foxl2* 和 *cyp19a1a* 表达水平仍显著低于对照组 XX（$P<0.05$）；对照组和 E_2 处理的 XY 性腺差异不显著（$P>0.05$）（图 2-11）。以上结果也说明，上述基因在红鳍东方鲀的性别分化过程中具有重要的作用。

表 2-6 qPCR 用引物

基因 ID	基因名称	引物	序列（5′-3′）	产物长度（bp）
XM_003964421.2	*β-actin*	Forward	CAATGGATCCGGTATGTGC	245
		Reverse	CGTTGTAGAAGGTGTGATGCC	
KR914667.1	*gsdf*	Forward	TCTTATGTCTGCTGTGTTTCCTC	147
		Reverse	TTACAGGGCTCTTGTAATTTGTG	
NM_001037949.1	*dmrt1*	Forward	ATGGTTACCTCCGATCTGCAC	125
		Reverse	AACTTGGAGTTCCTTCCCATG	
XM_011609737.1	*cyp19a1*	Forward	ATTCACCAGAAGCACAAGACG	118
		Reverse	CAGTGAAGTTGATGTTCTCCAGT	
XM_003968745.2	*foxl2*	Forward	GTATCAGGCACAACCTGAGTCTC	125
		Reverse	GTTGCCCTTCTCAAACATATCCT	

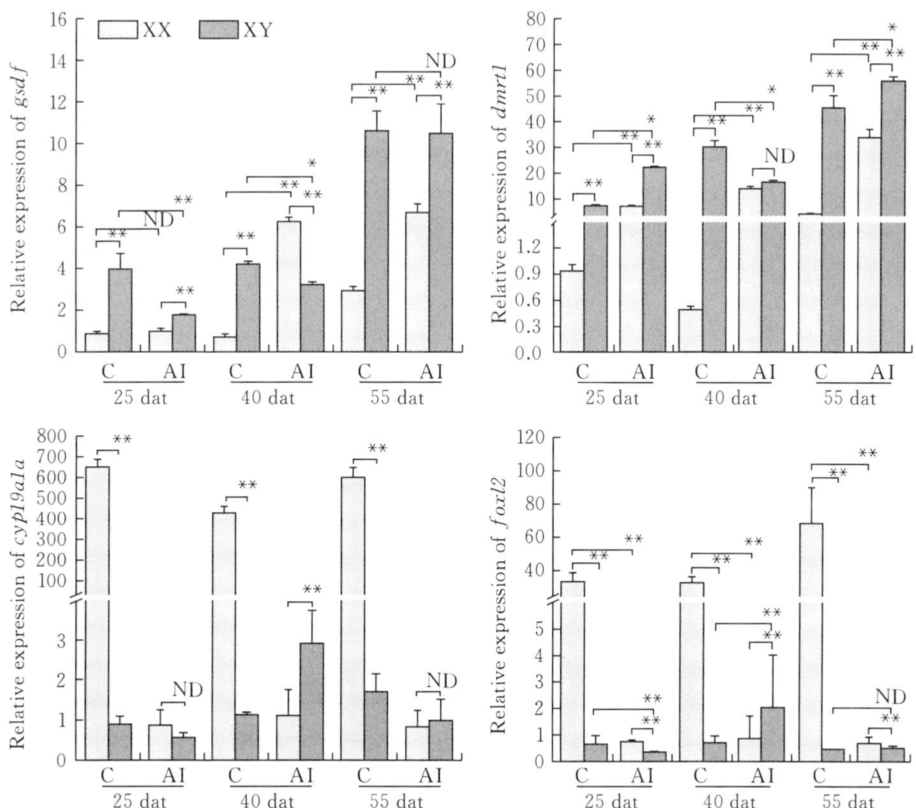

图 2-9 AI 处理后红鳍东方鲀性腺中 *gsdf*、*dmrt1*、*cyp19a1a* 和 *foxl2* 的表达

注：C，对照组；AI，AI 处理组；每个值用平均值±标准差表示（$n=3$）；**代表 XX 和 XY 组间差异极显著（$P<0.01$）；*代表 XX 和 XY 组间差异显著（$P<0.05$）；ND 代表组间无显著性差异；dat 表示处理后天数

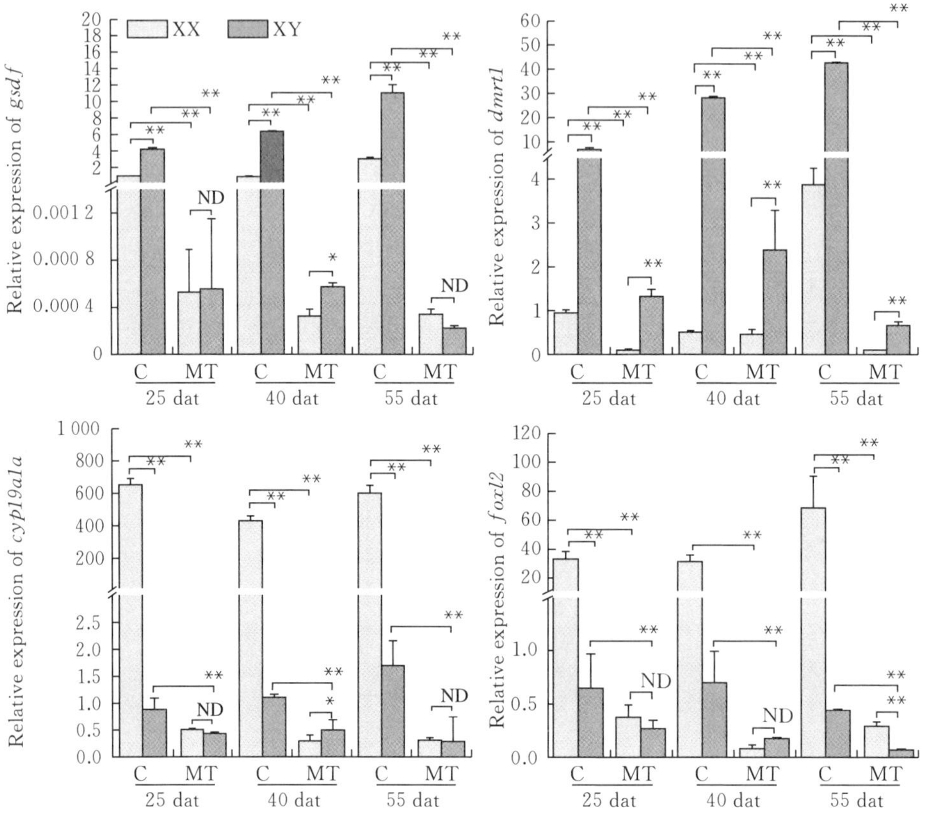

图 2-10　MT 处理后红鳍东方鲀幼鱼性腺中 *gsdf*、*dmrt1*、*cyp19a1a* 和 *foxl2* 的表达

注：C，对照组；MT，MT 处理组；每个值用平均值±标准差表示（$n=3$）；**代表 XX 和 XY 组间差异极显著（$P<0.01$）；*代表 XX 和 XY 组间差异显著（$P<0.05$）；ND 代表组间无显著性差异；dat 表示处理后天数

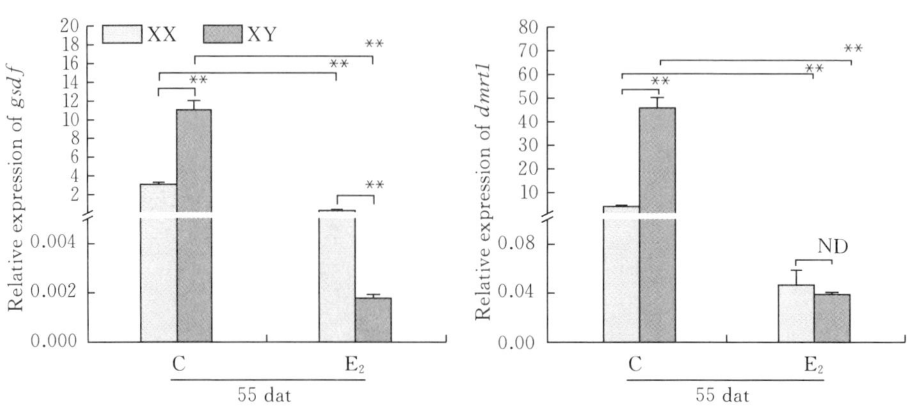

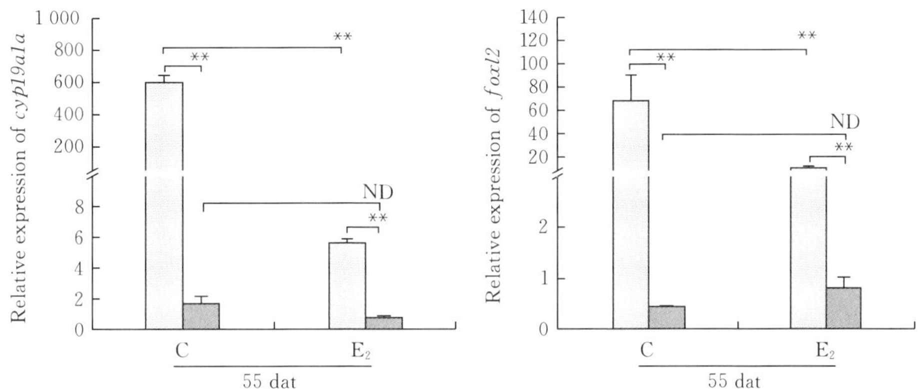

图 2-11　处理后红鳍东方鲀性腺中 *gsdf*、*dmrt1*、*cyp19a1a* 和 *foxl2* 的表达

注：C，对照组；E_2，E_2 处理组；每个值用平均值±标准差表示（$n=3$）；**代表 XX 和 XY 组间差异极显著（$P<0.01$）；ND 代表组间无显著性差异；dat 表示处理后天数

第四节　讨　　论

在本部分研究中，为了研究在红鳍东方鲀性别分化过程中发现的性别差异表达基因的潜在功能，并揭示 AI 或 MT 诱导雄性化和 E_2 诱导雌性化的分子机制，通过 RNA-seq 对每种处理下的红鳍东方鲀幼鱼性腺进行测序和比较，并通过 qPCR 检测 4 个可能对红鳍东方鲀性别分化具有重要作用的基因（*foxl2*、*cyp19a1a*、*gsdf* 和 *dmrt1*）在处理后 25 d、40 d 和 55 d 时的表达水平。从幼鱼体内解剖并收集微小性腺是一项挑战，从红鳍东方鲀的单个性腺中提取的总 RNA 含量较低。因此，本部分研究是将每组样本进行混样处理，即分别将 10 尾雌性或雄性红鳍东方鲀的 RNA 样本混合来进行文库构建和 RNA-seq 分析。

所有类固醇激素都是胆固醇的衍生物。在性腺中，类固醇生物合成始于胆固醇从细胞内储存转移到线粒体内膜，由 steroidogenic acute regulatory (Star) 蛋白介导。在合成途径的下游，cholesterol side-chain cleavage cytochrome P450（P450 scc，Cyp1a1）、17α-hydroxylase/17，20-lyase cytochrome P450（P450c17，Cyp17a1）、3β-hydroxysteroid dehydrogenase/D5-D4 isomerase（3β-HSD，Hsd3b）和 17β-hydroxysteroid dehydrogenase type 3（17β-HSD、Hsd17b3）转化为胆固醇，在精巢和卵巢中产生各种雄激素。细胞色素 P450 芳香化酶由 *cyp19a1a* 编码，负责在卵巢中将这些雄

激素进一步转化为雌激素（主要是 E_2）（Tokarz 等，2015；Young 等，2005；Nagahama 和 Yamashita，2008；Lubzens 等，2010）。在许多硬骨鱼中，在性别分化的关键时期通过芳香化酶抑制剂阻断内源性雌激素合成可以诱导雌鱼雄性化（Piferrer 等，1994；Kitano 等，2000；Nakamura，1975；Uchida 等，2004；Komatsu 等，2006；Iwamatsu 等，2006；Thresher 等，2011）。最近的研究表明，长期使用芳香化酶抑制剂可抑制内源性雌激素的合成，并诱导青鳉、斑马鱼和罗非鱼雌性发生性别逆转（Paul - Prasanth 等，2013；Sun 等，2014；Takatsu 等，2013）。在本部分研究中，给红鳍东方鲀幼鱼喂食含有 500 mg/g 来曲唑的饲料，观察到卵巢腔的形成受到抑制。这与 Rashid 等（2007）的研究结果一致，研究人员使用含有 500 或 1 000 mg/g 芳香化酶抑制剂的饲料在孵化后 19～100 d 处理红鳍东方鲀时也抑制了卵巢腔的形成，并导致所有处理过的红鳍东方鲀向精巢方向分化。在红鳍东方鲀中，发现 *cyp19a1a* 及其关键转录调节因子 *foxl2* 在雌性个体性腺中的表达水平显著高于雄性，而 *gsdf* 和 *dmrt1* 在雄性性腺中的表达显著高于雌性。此外，本部分研究发现 AI 处理的遗传 XX 雌鱼性腺中 *foxl2* 和 *cyp19a1a* 的表达下降，*dmrt1* 和 *gsdf* 的表达上升。在尼罗罗非鱼和日本牙鲆中，*foxl2* 被认为是 *cyp19a1a* 的转录调控因子（Thresher 等，2011；Yamaguchi 等，2007）。人们普遍认为，至少在哺乳动物（Uhlenhaut 等，2009；Matson 等，2011；Lindeman 等，2015；Barrionuevo 等，2016）和鱼类（Sun 等，2014；Li 等，2013；Webster 等，2017）中，*foxl2* 和 *dmrt1* 在性腺性别分化中相互拮抗。在尼罗罗非鱼中，*foxl2* 和 *cyp19a1a* 的突变诱导了雌性到雄性的性别逆转，同时在 $foxl2^{-/-}$ 和 $cyp19a1a^{-/-}$ 突变鱼的性腺中上调了 *sf1*、*dmrt1* 和 *gsdf* 的表达，因此认为 *foxl2* 通过上调 *cyp19a1a* 表达和抑制雄性途径基因来促进卵巢发育。同时，E_2 处理可以挽救 *foxl2* 的突变表型（Zhang 等，2017）。在斑马鱼中，通过同时干扰 *foxl2a* 和 *foxl2b*，也可以实现完全的功能性性别逆转（Yang 等，2017）。以往在红鳍东方鲀的研究中发现，在 *cyp19a1a* 的上游区域检测到了 *fox* 家族和 *nr5a2* 结合位点（Böhne 等，2013）。因此，本部分结果表明，和其他硬骨鱼类一样，雌激素通路可能对红鳍东方鲀的性别分化也起着重要作用。AI 抑制了 *foxl2* 的表达、芳香化酶活性、内源性雌激素合成，而 E_2 的缺失可能导致红鳍东方鲀 *dmrt1* 和 *gsdf* 表达上调。同时，还观察到 E_2 处理可以诱导遗传 XY 个体雌性化以及 *dmrt1* 和 *gsdf* 表达下降，这也证实了雌激素的重要性。此外，发现在遗传性 XX 个体的性腺中，从孵化后 40 d 开始观察到 AI 处理会使性腺中 *gsdf* 表达增加；而从 25 d 开始，就观察到 AI 处理的 XX 个体性腺中 *dmrt1* 的表达增加，这早于 *gsdf*。在尼罗罗非鱼中，研究发现虽然 *gsdf* 功能缺失可导致完全性逆转，但是 *dmrt1* 在早期性别分化阶段的表达不受影响，表明在罗非鱼雄性性别决定通路中，*dmrt1* 是 *gsdf* 的上游基因（Jiang 等，2016）。在青鳉中，性别决定基因 *dmy* 是常染色体基因 *dmrt1* 的同源基因，*gsdf* 已被证实是 *dmy* 的下游靶基因（Chakraborty 等，2016；Zhang 等，2016）。对红鳍东方鲀 *gsdf* 启动子进行生物信息学分析，发现它有 1 个 *dmrt1* 结合位点，其回文序列与尼罗罗非鱼中鉴定为 *dmrt1* 结合区域（ACATATGT）的序列相似（Gautier 等，2011；Wang 等，2010）。因此，与尼罗罗非鱼一样，在红鳍东方鲀中，*dmrt1* 可能是 *gsdf* 的上游基因。然而，*gsdf* 和 *dmrt1* 之间的关系需要进一步实验进行确认。

MT 被认为是一种有效的外源性雄激素，通常用于诱导硬骨鱼如黄姑鱼（*Nibea albiflora*）（Xu 等，2018）、黄鲈（*Perca flavescens*）（Malison 和 Garcia-Abiado，1996）、罗非鱼（Bhandari 等，2006）和鳕鱼（*Centropomus undenmalis*）（Passini 等，2018）等的雄性化。在红鳍东方鲀中，对比 MT _ XX 和 C _ XX 性腺，共鉴定出 5 970 个 DEGs，而在 C _ XX 和 C _ XY 之间鉴定出 621 个 DEGs。这表明 MT 诱导的雄性化与 C _ XY 自然精巢分化过程中观察到的组织学结果有很大不同。这种差异可归因于研究中使用的雄激素的非生理剂量。尽管本部分研究使用了其他硬骨鱼中常用的雄激素剂量（Nakamura 和 Iwahashi，1 982），但有必要使用较低剂量的雄激素继续进行实验。在红鳍东方鲀中，MT 处理可以抑制 *foxl2* 和 *cyp19a1a* 的表达，但不能诱导 *dmrt1* 和 *gsdf* 的表达。因此，MT 诱导雄性化红鳍东方鲀可能主要通过抑制卵巢发育而不是直接诱导精巢分化来发挥作用，这与虹鳟上的研究结果相似（Baron 等，2007）。在红鳍东方鲀中，AI 和 MT 处理造成的雄性化可能部分是因为 *foxl2* 表达的下调，导致雌激素合成受阻。然而，MT 如何调节 *cyp19a1a* 的表达在很大程度上仍然是未知的。MT 可能会激活雄激素受体（Androgen receptor，AR）（Gao 等，2005）。在细胞核中，AR 可能与 *cyp19a1a* 的启动子或增强子结合，以招募阻遏物，造成 *cyp19a1a* 表达下降（Heemers 和 Tindall，2007）。最近关于石斑鱼和罗非鱼的研究也支持 AR 参与雄激素诱导的雄性化过程（Golan 和 Levavi-Sivan 等，2014；Shi 等，2012）。此外，MT 处理后未观察到 *dmrt1* 和 *gsdf* 的上调。在虹鳟中，雄激素处理后，参与精巢分化的几个基因如 *amh* 和 *sox9a2* 没有恢复正常表达水平（Vizziano 等，2008；Baron 等，2008）。相比之下，MT 处理诱导鳜（Liu 等，2020）、斑马鱼（Lee 等，2017）、罗非鱼（Kobayashi 等，2008）和青鳉（Horie 等，2016）性腺中 *dmrt1* 和（或）*gsdf* 表达的上调。这些相互矛盾的结果可能是由于在红鳍东方鲀中使用的 MT 剂量较高，作用较为强烈。因此，还需进一步的研究来证实这个问题。另外，基于转录组学分析，比较 AI 和 MT 处理的红鳍东方鲀基因表达谱时发现的差异表达基因数量较高，因此，AI 和 MT 诱导的雄性化之间可能存在不同调控机制。最近研究也表明，AI 处理后的性腺中的基因表达比雄激素诱导后观察到的更接近自然精巢分化时的表达模式，这表明 AI 可能比雄激素处理更适合诱导伪雄鱼（Vizziano 等，2008）。在红鳍东方鲀中，AI 和 MT 组的转录组学分析结果也支持这一假设，此外，编码类固醇生成酶（*star*、*hsd3b1*、*cyp17a1* 和 *cyp11c1*）的基因在 MT 诱导的精巢分化过程中受到抑制，这种现象与在尼罗罗非鱼和虹鳟鱼中报道的结果一致（Bhandari 等，2006；Govoroun 等，2001）。

目前，已有一些研究对红鳍东方鲀进行 E_2 浸泡和口服处理，研究 E_2 对其生长、存活和性别分化的影响（Lee 等，2009；Ren 等，2018；Hu 等，2017；Hu 等，2019）。然而，到目前为止，还没有对 E_2 诱导的 XY 红鳍东方鲀性腺进行转录组学分析。这部分研究结果发现，E_2 处理诱导了遗传 XY 红鳍东方鲀的卵巢发育并抑制了它们的生长，这与之前关于红鳍东方鲀和其他鱼类的研究结果相似（Ren 等，2018；Hu 等，2017；Hu 等，2019；Goetz 等，1979）。由于 E_2 处理组的幼鱼存活率极低，所以仅在孵化后 80 d 时收集性腺进行基因表达分析。研究发现，E_2 处理抑制了遗传雄性中 *gsdf* 和 *dmrt1* 的表达。然而，在遗传 XY 雄性河鲀中，*foxl2* 和 *cyp19a1a* 的表达在 E_2 处理结束时没有恢复。在虹鳟中，研究发现外源性雌激素的强烈作用可能阻断了虹鳟体内 *cyp19a1a* 的激活（Vizziano - Cantonnet 等，2008）。正如其他鱼类（Böhne 等，2013）所报道的那样，由于红鳍东方鲀 *cyp19a1a* 的启动子区域缺乏雌激素反应元件，E_2 诱导的雌性化似乎并不涉及 *cyp19a1a* 的直接上调。这一发现得到了转录组测序结果的支持，跟在斑马鱼的研究结果类似，发现 E_2 显著抑制了红鳍东方鲀类固醇生成途径的几个上游基因（*star*、*hsd3b1*、*cyp17a1*、*cyp17a2*、*cyp11c1*）（Urbatzka 等，2012）。相反，在银汉鱼（*Odontesthes bonariensis*）早期性腺发育期间，E_2 处理降低了与精巢分化相关的基因的表达（如 *amh* 和 *dmrt1*），并伴随着卵巢分化相关的 *cyp19a1a* 的上调（Fernandino 等，2008a；Fernandino 等，2008b）。然而，在虹鳟中，即使雌激素能够诱导 *foxl2a* 的快速上调，这种持续的高表达本身也无法恢复 *cyp19a1a* 的表达。研究人员认为 *foxl2a* 不能抵消雌激素对 *cyp19a1a* 表达的抑制作用，也可能 *foxl2a* 需要转录因子共同参与才能诱导 *cyp19a1a* 表达（Vizziano - Cantonnet 等，2008）。在红鳍东方鲀中，与对照 XX 相比，E_2 处理的 XX 中 *foxl2* 和 *cyp19a1a* 的表达降低，*cyp19a1*a 表达无法恢复可能是由于外源性雌激素的抑制作用。在 *Astyanax altipanae* 中，与对照组相比，E_2 处理诱导了雄性 *dmrt1*、*sox9* 和 *amh* 的表达，并抑制了 *cyp19a1a* 的表达，这被认为是抵抗 E_2 诱导的雌性化的可能机制。在雌性中，还发现 *dmrt1* 和 *sox9* 的 mRNA 水平升高，这可能与 E_2 暴露后 *cyp19a1a* 的下调有关（Martinez - Bengochea

等，2020)。

与雌激素在性别分化和维持中的保守作用相反，硬骨鱼中雄激素是否在未分化的性腺中合成并调节性别分化仍然存在争议（Nakamura 等，1998；Ijiri 等，2008)。雄激素被认为是雄性性腺分化过程的产物（Devlin 和 Nagahama，2002；Guiguen 等，2010；Goetz 等，1979；Nakamura 等，1998；Ijiri 等，2008)。细胞色素 P450 11b 羟化酶（Cytochrome P450 11b－hydroxylase）是硬骨鱼雄激素 11－KT 合成的关键酶。在第一章中发现其编码基因 *cyp11c1* 在孵化后 30 d XY 红鳍东方鲀幼鱼未分化性腺中的表达水平显著高于 XX 幼鱼。本部分研究中，发现 AI 处理后，XX 个体性腺中的 *cyp11c1* 的表达上升，E_2 处理的 XY 个体性腺中 *cyp11c1* 的表达下降。综上所述，这些结果表明，雄激素的存在可能对红鳍东方鲀早期性别分化至关重要。然而，在虹鳟和罗非鱼，研究人员认为雄激素的产生不是启动精巢分化所必需的，精巢分化可能与内源性雌激素的缺乏而不是雄激素的存在有关（Vizziano－Cantonnet 等，2008；Ijiri 等，2008)。胡鹏等（2017）研究发现，尽管在红鳍东方鲀性别分化的早期阶段采用 E_2 处理会诱导性腺雌性化，但在处理后，其雌性化会终止甚至会恢复原来性别。这些结果都表明，在红鳍东方鲀性别分化过程中，雄激素可能与雌激素存在拮抗关系。此外，在 AI 和 MT 诱导的红鳍东方鲀雄性化和 E_2 诱导的雌性化过程中，其他基因如 *zp3*、*zp4*、*lhcgr*、*vtg*、*esrrb*、*nanos2* 和 *amhr2* 等的表达也发生变化，同时差异表达基因主要富集在心肌细胞中的神经活性配体受体激活通路、钙信号通路、碳代谢和肾上腺素能信号通路等，这表明它们可能在红鳍东方鲀的性别分化过程中发挥重要作用。所有的鱼卵都被一个叫作透明带（zona pellucida，ZP）的包膜包围着，透明带在卵子发生、卵子沉积、受精和胚胎发育过程中发挥着各种作用。鱼卵 ZP 仅由少数与哺乳动物 ZP 蛋白 ZP1、ZP3 和 ZP4 同源的蛋白质组成（Litscher 和 Wassarman，2007)。在对照组中，XX 红鳍东方鲀的 *zp3* 表达显著高于 XY 个体，AI 和 MT 处理后 *zp3* 的表达下降，而 E_2 处理后 *zp3* 的表达增加。在其他鱼类中，采用类固醇激素诱导性逆转也发现了 *zp3* 的变化（Malison 等，1996；Modig 等，2006)。Nanos 是一种 RNA 结合蛋白，首次在果蝇中被发现，并且被证明在无脊椎动物和脊椎动物的生殖细胞发育中具有进化保守的功能（Wang 和 Lehmann，1991；Asaoka－Taguchi 等，1999；Tsuda 等，2003)。Nanos 也被证实对原始生殖细胞的迁移以及生殖系干细胞自我更新的维持等至关重要（Asaoka－Taguchi 等，1999；Hayashi 等，2004；Suzuki 等，2007)。在鱼类中，也鉴定出多种 *nanos* 并分析了它们的表达模式。例如，在青鳉中，*nanos2* 在卵原细胞和精原细胞中表达（Aoki 等，2009)；在虹鳟中，*nanos2* 仅在未分化的精原细胞中表达（Bellaiche 等，2014)。在红鳍东方鲀中，发现与对照组相比，MT _ XX 和 E_2 _ XX 组幼鱼性腺中的 *nanos2* 表达下调，且组织学观察发现两组幼鱼的性腺小于对照组，这表明 *nanos2* 可能对红鳍东方鲀生殖细胞的发育至关重要。KEGG 分析表明，在 AI _ XX vs C _ XX、MT _ XX vs C _ XX、E_2 _ XY vs C _ XY、AI _ XX vs MT _ XX 和 E_2 - XX vs C - XX 中筛选的 DEGs 主要富集在神经活动配体-受体相互作用通路。与细胞信号传导相关的质膜上的多个受体位于这一途径中，这些受体基因在性腺中的表达可能是由神经肽通过下丘脑-垂体-性腺轴诱导的，然后启动参与类固醇激素合成的基因的表达。之前在其他鱼类的研究也发现，神经活性配体受体激活途径与硬骨鱼性腺的性别分化有关（Sun 等，2016；Wang 等，2019；Huang 等，2021）。在红鳍东方鲀，这个通路是否在其雄性化或雌性化过程中发挥作用尚未确定。

总之，本部分实验结果为今后理解 AI 和 MT 诱导的雄性化及 E_2 诱导的雌性化过程提供了一些见解。AI、E_2 和 MT 处理均会导致 *foxl2*、*cyp19a1a*、*dmrt1* 和 *gsdf* 显著上调或下调，表明这些基因对红鳍东方鲀的卵巢或精巢分化至关重要。

第三章

甲状腺激素对红鳍东方鲀性别分化的影响

在脊椎动物中，性别分化表现出很大的可变性和多样性。哺乳动物的性别决定和分化受到严格的遗传控制，其后代的性别是在受精时决定的。相反，一般而言，在发育的早期甚至成年后，硬骨鱼类的性别分化都会受到外部信号（如社会信号、温度、光线或 pH 等）的影响（Devlin 和 Nagahama，2002；Kobayashi 等，2013；Liu 等，2016；Hayasaka 等，2019）。内分泌调控在性别决定和性腺命运中起着关键作用。在性别分化的关键时期，性类固醇通过某些对性腺命运和性别至关重要的转录因子来调节类固醇生成酶基因（Rajakumar 等，2020）。在银汉鱼和牙鲆中，糖皮质激素能使 *cyp19a1a* 的表达下调，促进精巢分化（Hattori 等，2009；Yamaguchi 等，2010）。此外，在牙鲆中，皮质醇通过与 *cyp19a1a* 启动子上游的糖皮质激素反应元件结合可以抑制 *cyp19a1a* 的表达（Yamaguchi 等，2010）。

甲状腺激素（Thyroid hormones，TH）已被充分证明参与调节各种生物过程，如形态发生、生长、生殖、渗透调节和皮肤色素沉着（Blanton 等，2007）。然而，TH 在鱼类性腺性别分化中的作用仅在两种硬骨鱼中进行过研究，即三刺鱼（*Gasterosteus aculeatus*）（Blanton 等，2007）和斑马鱼（Mukhi 等，2007；Sharma 等，2013；Sharma 等，2016）。在三刺鱼中，TH 合成抑制剂（高氯酸盐）处理可诱导遗传雌鱼产生雌雄同体（Bernhardt 等，2006）。在性别分化早期，将斑马鱼幼鱼暴露于甲状腺激素后发现，甲状腺激素会以浓度依赖的方式使得群体内的雄性比例升高。然而，致甲状腺肿大物质处理不会导致永久性的雌性化，但会导致遗传雄性的卵巢向精巢的转化出现延迟（Mukhi 等，2007；Sharma 等，2013）。这些结果不禁让人思考这样一个问题：TH 是否在硬骨鱼性别分化的调节中起一致的作用。在两栖动物中，致使甲状腺肿大物质处理显示会诱导性腺雄性化（Hayes 等，1998）或雌性化（Hayes 等，1998；Goleman 等，2002），不同物种的研究结果不一致。Sharma 等（2016）进一步研究了 TH 对参与斑马鱼性腺性别分化的几种性别相关基因表达的影响。结果表明，T4 通过抑制雌性基因（如 *cyp19a1a*、*esr1*、*esr2a* 和 *esr2b*），刺激雄性性别相关基因 *amh* 和 *ar*，诱导幼鱼雄性化。同时，致甲状腺肿大物质（甲巯咪唑，methimazole，MET）处理会使 *esr1*、*esr2a* 和 *esr2b* 的表达增加，使 *amh* 和 *ar* 的表达减少。然而，MET 不能诱导 *cyp19a1a* 表达，这可能是 MET 诱导幼鱼的雌性化随后在处理结束后性别恢复的原因。了解非经典激素（如 TH）在性腺性别分化过程中的作用，不仅对理解性别决定和分化过程有重要参考价值，而且对比较内分泌学等的研究也有重要价值。然而，在两栖类或硬骨鱼类中，甲状腺激素在其性别分化过程中的分子调控机制研究较少。

红鳍东方鲀是一种雌雄异体的鱼类，具有 XX/XY 性别决定系统。该物种具有最紧凑的基因组序列，其性别由 *amhr2* 的等位基因变异决定（Aparicio 等，2002；Kamiya 等，2012）。与其他硬骨鱼相似，性类固醇激素和温度均会影响其性腺性别分化的过程（Rashid 等，2008；Lee 等，2009a；Lee 等，2009b；Hu 等，2019）。然而，截至目前，还没有非经典激素（如 TH）对其性别分化的影响研究。因此，本部分的研究目的是利用 T4 和甲状腺功能的抑制剂 MET 处理来研究甲状腺激素对红鳍东方鲀性别分化的作用。这项研究可能为今后理解 T4 或 MET 处理影响性别分化的分子机制提供依据，同样有助于阐明红鳍东方鲀分子性别决定及分化的分子调控网络。

第一节　甲状腺激素和其合成抑制剂处理对生长和存活的影响

一、甲状腺激素和其合成抑制剂处理对生长的影响

本部分研究中，于 2019 年 3 月从大连富谷集团购买孵化后 20 d 的红鳍东方鲀幼鱼。在实验室暂养 5 d 后，将红鳍东方鲀随机（950 尾/缸）分为三组，包括对照组、MET 处理组和 TH 处理组。所有组均设置三个平行。在 MET 处理组中，用混有 MET（1 000 mg/g 饲料，Sigma－Aldrich，美国）的商品饲料（三通公司，潍坊，中国）饲喂幼鱼。在 T4 处理组中，将幼鱼浸泡在含 T4 的水族箱中，在每个水族箱（含 90 L 水）中加入 0.45 mL 原液（400 nmol/mL），最终浸泡浓度为 2 nmol/L；浸泡后再换水 2 次（80 L/次），去除残留激素。处理浓度参考前人对斑马鱼的研究。处理时间为孵化后 25～80 d。每天投喂正常的或混有 MET 的商品饲料 6 次，在 21～22 ℃自然光照条件下饲养幼鱼。每天清洗水箱底部，清除残渣、多余饲料和死亡幼鱼。每天换水 2 次，以维持水的质量。每天监测盐度、温度、溶解氧和 pH。幼鱼的盐度维持在 33 ppt，溶氧水平保持在>8 mg/L，pH 保持在 7.9～8.1。每周测量从水族箱中采集的水样中的氨和亚硝酸盐，平均值始终分别<0.2 mg/L 和<0.05 mg/L。

在处理后 40 d 和 55 d，每箱随机选取 10 只幼鱼冰上麻醉，测量体长和湿重。

结果发现，处理后40 d时，T4处理组幼鱼的体长为（32.63±0.61）mm，MET处理组幼鱼的体长为（31.84±2.60）mm，对照组幼鱼体长为（29.98±1.33）mm，三组间无显著性差异（$P>0.05$）（图3-1）。处理组和对照组幼鱼之间的湿重也不存在显著差异（$P>0.05$）（图3-2）。在处理后55 d时，T4处理组［（54.57±2.66）mm］和MET处理组［（52.62±1.26）mm］幼鱼体长显著高于对照组［（49.06±1.33）mm］（$P<0.05$）（图3-1）。T4处理组［（5.92±0.12）g］和MET处理组［（5.42±0.16）g］幼鱼的湿重显著高于对照组［（4.15±0.05）g］（$P<0.05$）（图3-2）。

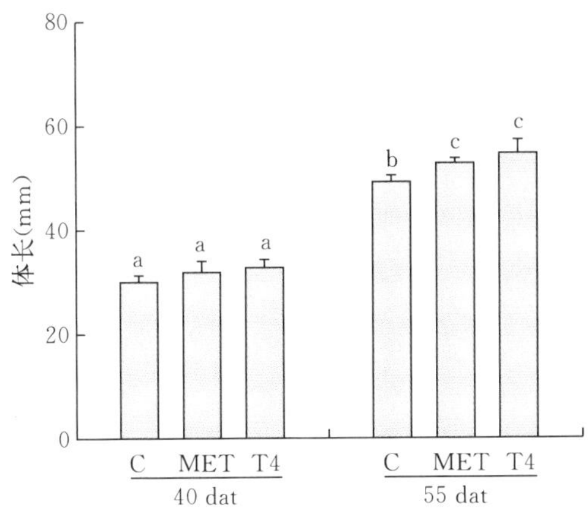

图3-1　不同实验组红鳍东方鲀幼鱼的体长

注：C，对照；MET，MET处理组；T4，T4处理组；dat，处理后天数。每个值代表三次测量值的平均值±SD，不同的小写字母表示每个处理之间存在显著差异（单因素方差分析，$P<0.05$，$n=3$）

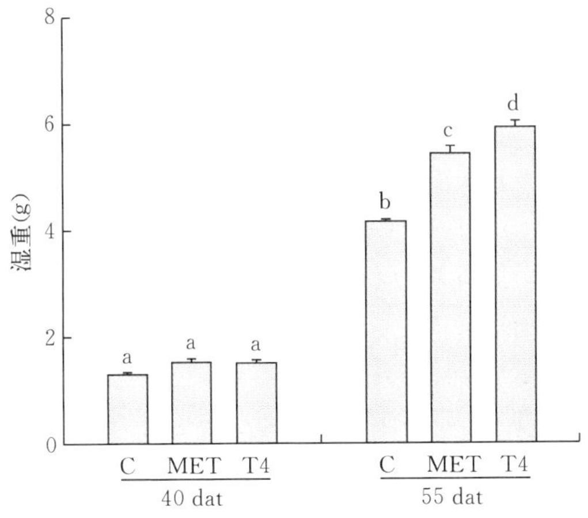

图3-2　不同实验组红鳍东方鲀幼鱼的湿重

注：C，对照；MET，MET处理组；T4，T4处理组；dat，处理后天数。每个值代表三次测量值的平均值±SD，不同的小写字母表示每个处理之间存在显著差异（单因素方差分析，$P<0.05$，$n=3$）

二、甲状腺激素和其合成抑制剂处理对存活的影响

根据之前研究使用的方法来计算最终存活率（Bergot 等，1986）。处理后 55 d 时，与对照组相比，T4 处理组的幼鱼存活率没有显著差异（$P>0.05$）。然而，MET 处理组幼鱼的存活率［（67.54±1.93）%］，显著高于对照组［（50.33±1.14）%］（$P<0.05$）（图 3－3）。

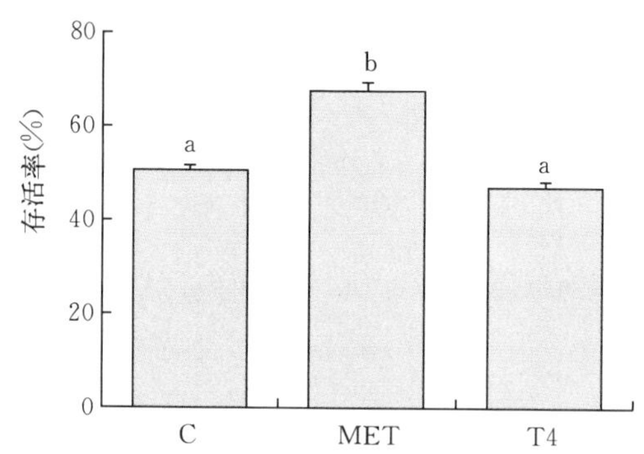

图 3－3　不同实验组红鳍东方鲀幼鱼的存活率（%）

注：C，对照；MET，MET 处理组；T4，T4 处理组。每个值代表三次测量值的平均值±SD，不同的小写字母表示每个处理之间存在显著差异（单因素方差分析，$P<0.05$，$n=3$）

第二节　甲状腺激素和其合成抑制剂处理对性别的影响

一、处理后性腺组织学变化

为了对对照组和处理组的性腺发育进行组织学观察，在处理后 55 d 收集包含性腺的躯干部组织样本，每个处理组采集 30 个样本，并将其固定在波恩氏溶液中。固定 24 h 后，将性腺转移到 70%乙醇中，然后以递增浓度的乙醇脱水。脱水后的样品包埋在石蜡中。取 6 μm 厚的组织切片，采用苏木精-伊红染色。照片用显微镜拍摄。

孵化后 80 d（即处理后 55 d）时，对照组未观察到性逆转现象，卵巢内清晰可见产卵板和卵巢腔（图 3－4A）。产卵板上有大量卵原细胞和少量卵母细胞。在精巢中，沿着精巢的圆周，观察到大量精母细胞，但没有发现性逆转幼鱼（图 3－4B）。MET 处理后，幼鱼发生了雄性化，并且所有样本均具有空腔的中间性腺（图 3－4C～E）。在 T4 处理组中，没有发现性逆转幼鱼（图 3－4F～H）。

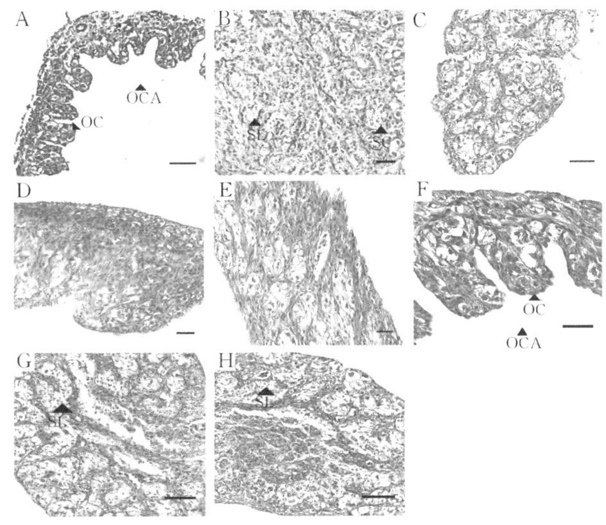

图 3-4　处理后 55 d 时红鳍东方鲀的性腺发育

注：A 和 B，对照组的 XX 和 XY；C 和 D，MET 处理的 XX；E，MET 处理的 XY；F，T4 处理的 XX；G 和 H，T4 处理的 XX。OC，卵母细胞；OCA，卵巢腔；SL，精小囊；SC，精母细胞。比例尺，20 μm

二、处理后性别比例变化

用 TIANAMP FFPE DNA 试剂盒（天根，中国）对组织学观察后 55 d 的剩余石蜡切片组织进行 DNA 提取，以区分性别逆转鱼。如前所述，使用 SNP 标记（包含 *amhr2* 基因外显子 9 的区域）鉴定每尾鱼的遗传性别。处理后 55 d 时，对照组未观察到性逆转现象，30 个个体中，具有精巢结构的幼鱼有 12 尾，具有卵巢结构的幼鱼有 18 尾。MET 处理组的 30 尾幼鱼均具有精巢样结构，说明其成功诱导 100%雄性化。在 T4 处理组中，有 14 尾具有精巢的个体，16 尾具有卵巢的个体，遗传性别鉴定后，没有发现性逆转幼鱼（表 3-1）。

表 3-1　处理后 55 d 不同处理组中红鳍东方鲀的性别比例

组别	精巢	卵巢	间性性腺
对照组	12	18	0
MET 处理组	0	0	30
T4 处理组	14	16	0

第三节　甲状腺激素和其合成抑制剂对性别分化相关基因表达的影响

在处理后 25 d、40 d 和 55 d，从各组采集 100 个个体，解剖取性腺组织，将每个性腺放入装有 100 mL RNAlater 试剂（Thermo Fisher Scientific，baltic，美国）的试管中。在提取 RNA 之前，将样品保存在－80 ℃。为了确定每个个体的性别，将一块组织样本储存在含有无水乙醇的 1.5 mL 管中，在－20 ℃冷冻。对于 RNA 提取，使用 Qiagen RNasy Micro Kit（Qiagen，美国）提取 RNA，遗传性别鉴定后，将每 10 个卵巢或 10 个精巢混合后用以提取 RNA。在纯化的 RNA 样品中加入 RNAase 抑制剂（Takara，日本），然后将其保存在－80 ℃中。用 NanoDrop ND－1000 型分光光度计（Thermo Science c，Wilmington，DE，美国）和 Agilent 2100 生物分析仪（Agilent Technologies，圣克拉拉，加利福尼亚州，美国）检测 RNA 纯度和完整性。

对于转录组测序，使用处理后 55 d 的 RNA 样本，建库使用 1 μg RNA。使用 NEBNext Ultra RNA Library Prep Kit for Illumina 试剂盒（NEB，美国）制备 6 个测序文库。文库包括对照遗传雌性（C _ XX）、对照遗传雄性（C _ XY）、MET 处理的遗传雌性（MET _ XX）、MET 处理的遗传雄性（MET _ XY）、T4 处理的遗传雌性（T4 _ XX）和 T4 处理的遗传雄性（T4 _ XY）。测序及数据分析同前述流程。

通过对红鳍东方鲀性腺的 6 个 cDNA 文库进行测序，生成了 45 874 794（C _ XX）、45 793 670（C _ XY）、47 301 088（MET _ XX）、47 429 562（MET _ XY）、46 075 656（T4 _ XX）和 47 710 900（T4 _ XY）Raw Data 并上传至 NCBI，登录号分别为 SRR12364833、SRR12358231、SRR12364848、SRR12364847、SRR12364850 和 SRR12364849。过滤掉低质量数据后，获得 Clean Read（C _ XX，44 634 680；C _ XY，44 951 110；MET _ XX，46 011 968；MET _ XY，46 634 316；T4 _ XX，44 872 284；T4 _ XY，46 537 592）。数据显示，90.87%（C _ XX）、90.42%（C _ XY）、90.79%（MET _ XX）、88.30%（MET _ XY）、90.65%（T4 _ XX）和 90.75%（T4 _ XY）的 Clean Read 比对到红鳍东方鲀的基因组上（表 3－2）。

在 MET _ XX 和 C _ XX 之间鉴定出大约 1 270 个 DEG，其中 907 个基因下调，包括 *cyp19a1a*、*zp3－like*、*zp4－like*、*foxl2*、*hsd17b1*、*P450 scc*、*piwi2*、*pgr*、*cyp17a2* 和 *esr1*；363 个基因上调，如 *dmrt1*、*dmrt3* 和 *lhcgr*（图 3－5A、图 3－6 和表 3－3）。在 T4 _ XY 和 C _ XY 之间，鉴定出 356 个

表 3-2　红鳍东方鲀转录组测序和比对的统计

样品名	Raw Data 数量	Clean Read 数量	与基因组总比对数	比对到基因组单一位置的 Read 数量	比对到基因组多个位置的 Read 数量
T4 _ XX	46 075 656	44 872 284	42 317 717 (94.31%)	40 674 741 (90.65%)	1 642 976 (3.66%)
T4 _ XY	47 710 900	46 537 592	43 913 927 (94.36%)	42 231 369 (90.75%)	1 682 558 (3.62%)
MET _ XX	47 301 088	46 011 968	43 445 083 (94.42%)	41 774 672 (90.79%)	1 670 411 (3.63%)
MET _ XY	47 429 562	46 634 316	44 060 019 (94.48%)	41 179 089 (88.3%)	2 880 930 (6.18%)

DEG，其中 220 个基因下调，如 *cyp17a1* 和 *cyp11c1*；136 个基因上调，如 *hsp70*、*cyp19a1a*、*foxl2* 和 *hsp90a*（图 3-5B、图 3-6 和表 3-3）。此外，在精巢和卵巢之间未发现三种脱碘酶（*dio1*、*dio2*、*dio3a*）和两种甲状腺受体（*tra* 和 *trb*）的性别差异性表达，并且在 T4 或 MET 处理后未发现其表达变化。然而，*dio3* 被鉴定为 C _ XX 和 C _ XY 红鳍东方鲀之间的差异表达基因，T4 和 MET 处理均下调了 XY 红鳍东方鲀中的 *dio3* 表达。

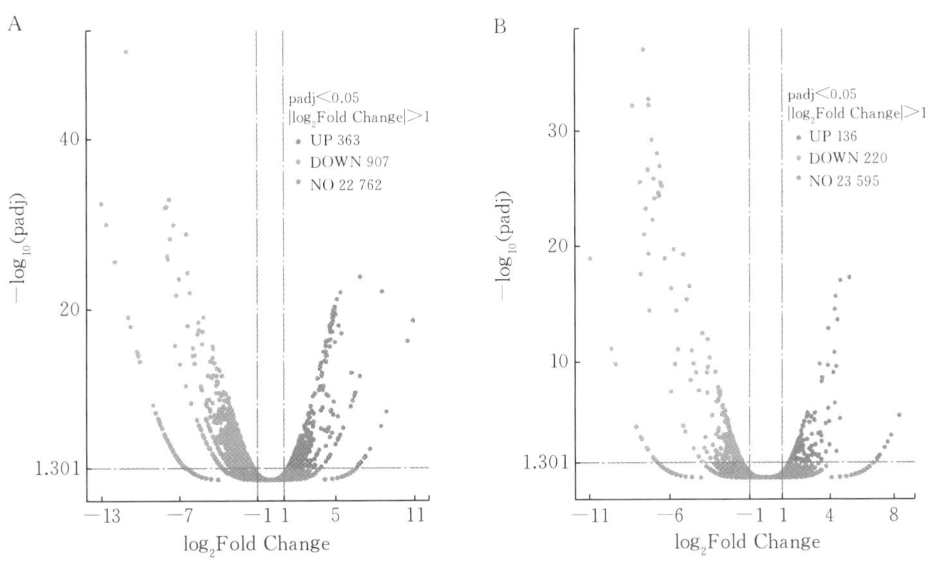

图 3-5　MET _ XX 与 C _ XX（A）以及 T4 _ XY 与 C _ XY（B）的差异表达基因的火山图示

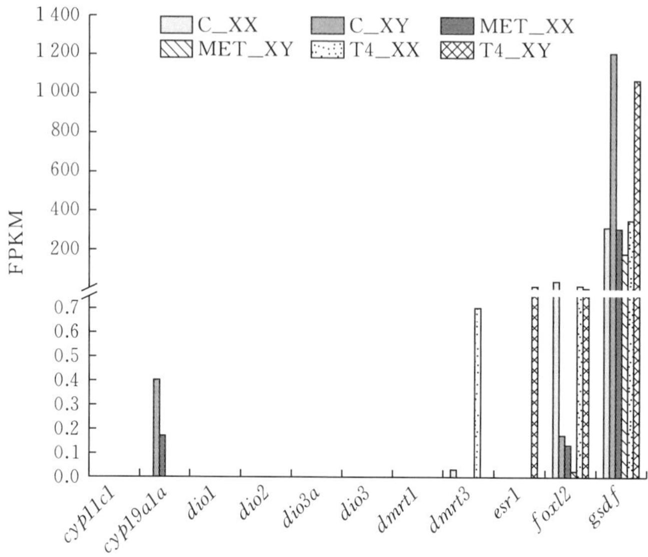

图 3-6 通过 RNA-seq 获得的 *cyp11c1*、*cyp19a1a*、*dio1*、*dio2*、*dio3a*、*dio3*、*dmrt1*、*dmrt3*、*esr1*、*foxl2* 和 *gsdf* 的 FPKM

表 3-3 MET _ XX vs C _ XX 和 T4 _ XY vs C _ XY 中的代表性差异表达基因

基因名	$\log_2$ Fold change 值	描述
MET _ XX vs C _ XX		
cyp11c1	−2.83	cytochrome P450 11B，mitochondrial
cyp17a2	−2.74	cytochrome P450 family 17 polypeptide 2
dmrt1	3.72	doublesex and mab-1 related transcription factor 1
dmrt3	6.49	doublesex and mab-3 related transcription factor 3
esr1	−1.42	estrogen receptor 1，transcript variant X2
foxl2	−7.24	forkhead box L2
hmgcll1	−2.32	3-hydroxymethyl-3-methylglutaryl-CoA lyase-like 1
hsd17b1	−5.19	hydroxysteroid（17-beta）dehydrogenase 1
igfbp1	−3.19	insulin-like growth factor binding protein 1
lhcgr	1.71	luteinizing hormone/choriogonadotropin receptor
mGluR6	−2.91	metabotropic glutamate receptor 6-like
cyp19a1a	−7.98	cytochrome P450 19A1-like，transcript variant X1
per3	−1.53	period circadian clock 3，transcript variant X1

（续）

基因名	log_2 Fold change 值	描述
P450 scc	−3.43	cholesterol side－chain cleavage enzyme
piwi2	−2.92	piwi－like RNA－mediated gene silencing 2
pgr	−1.75	progesterone receptor
th	1.46	tyrosine hydroxylase
tshr	−2.49	thyroid stimulating hormone receptor
ssr2	−2.06	somatostatin receptor type 2
zp3－like	−12.62	zona pellucida sperm－binding protein 3－like
zp4－like	−11.96	zona pellucida sperm－binding protein 4－like
T4 _ XY vs C _ XY		
cyp11c1	−1.77	cytochrome P450 11B，mitochondrial
cyp17a1	−1.93	cytochrome P450 family 17 polypeptide 1
foxl2	2.35	forkhead box protein L2
hsp70	4.67	heat shock 70 ku protein 1
hsp90a	2.17	heat shock protein HSP 90－alpha
cyp19a1a	3.01	cytochrome P450 19A1－like，transcript variant X1

如图 3－7 所示，在 MET _ XX 与 C _ XX 以及 T4 _ XY 与 C _ XY 对比组中筛选得到的 DEG 主要富集在分子功能（molecular function），其次是生物过程（biological process）和细胞成分（cellular component）。MET _ XX 与 C _ XX 对比组中筛选的 DEG，在分子功能中主要富集在肽酶活性（peptidase activity）、作用于 L－氨基酸肽（acting on L－amino acid peptides）、肽酶活性（peptidase activity）和内肽酶活性（endopeptidase activity）等 GO term 中；在细胞成分中，主要富集在细胞外区域（extracellular region）和细胞骨架（cytoskeleton）等 GO term 中；在生物过程中，主要富集在蛋白质水解（proteolysis）等 GO term 中。在 T4 _ XY 与 C _ XY 对比组中筛选的 DEG，主要富集在分子功能大类里的作用于 L－氨基酸肽的肽酶活性（peptidase activity，acting on L－amino acid peptides）、肽酶活性（peptidase activity）和内肽酶活性（endopeptidase activity）等 GO term 中；在细胞成分中，主要富集在肌球蛋白复合体（myosin complex）、肌动蛋白细胞骨架（actin cytoskeleton）、细胞外区（extracellular region）、非膜界细胞器（non－membrane－bounded organelle）等 GO term 中；在生物过程中，DEG 主要富集在蛋白质水解（proteolysis）等 GO term 中。

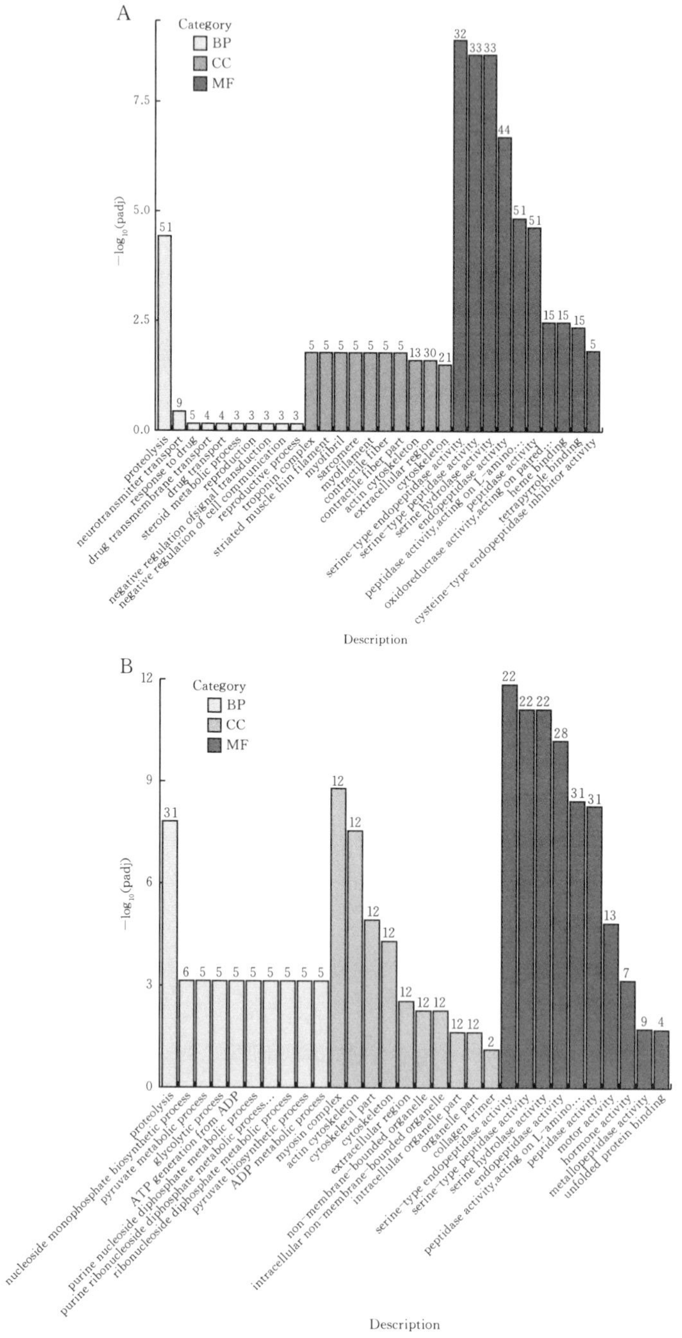

图 3-7　MET _ XX 与 C _ XX（A）以及 T4 _ XY 与 C _ XY（B）的差异表达基因的 GO 富集分析结果

组间差异表达的基因显著富集的前 20 条 KEGG 信号通路如图 3-8 所示。在 MET _ XX 与 C _ XX 对比组中，差异表达基因主要富集的 KEGG 通路是神经活性配体-受体相互作用（neuroactive ligand - receptor interaction）、钙信号通路（calcium signaling pathway）、心肌收缩（cardiac muscle contraction）、心肌细胞肾上腺素信号转导通路（adrenergic signaling in cardiomyocytes）、WNT 信号通路（wnt signaling pathway）、紧密连接（tight junction）、类固醇激素生物合成（steroid hormone biosynthesis）和光转导（phototransduction）。在 T4 _ XY 与 C _ XY 对比组中，差异表达基因主要富集的 KEGG 通路是神经活性配体-受体相互作用（neuroactive ligand - receptor interaction）、糖酵解/糖异生（glycolysis/gluconeogenesis）、碳代谢（carbon metabolism）、氨基酸生物合成（biosynthesis of amino acids）、类固醇激素生物合成（steroid hormone biosynthesis）、内质网中的蛋白质加工（protein processing in endoplasmic reticulum）。

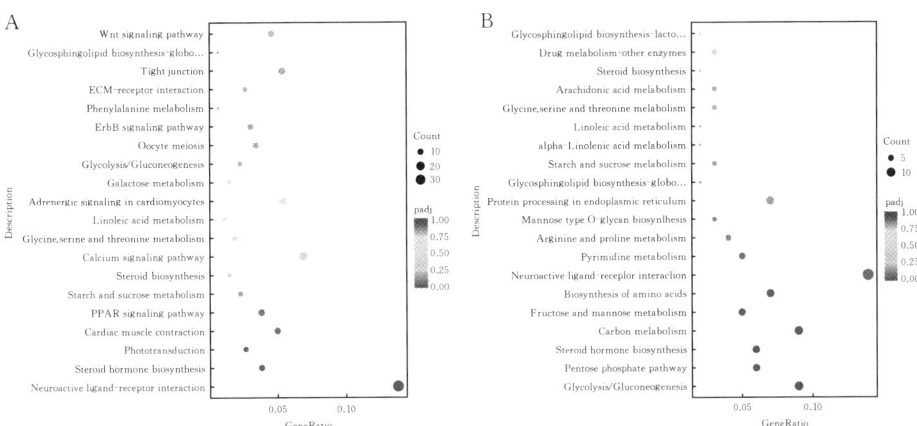

图 3-8 MET _ XX 与 C _ XX（A）以及 T4 _ XY 与 C _ XY（B）的差异表达基因的 KEGG 富集分析结果

使用 Primer Premier 5.0 程序设计 qPCR 引物（表 3-4）。使用 Applied Biosystems 7900 HT qPCR 系统测定各组孵化后 25 d、40 d 和 55 d 幼鱼性腺组织中的 *foxl2*、*cyp19a1a*、*dmrt1* 和 *gsdf* 水平。*ef1a* 被用作 qPCR 分析中的参考基因。

表 3-4 红鳍东方鲀 *β-actin* 和性别相关基因的 qPCR 引物

基因名	引物	序列（5′-3′）	产物长度（bp）
ef1a	Forward	AGGAGGGCAATGCTAGTGG	204
	Reverse	TGGTCAGGTTGACGGGAG	

（续）

基因名	引物	序列（5′-3′）	产物长度（bp）
foxl2	Forward	GTATCAGGCACAACCTGAGTCTC	125
	Reverse	GTTGCCCTTCTCAAACATATCCT	
cyp19a1a	Forward	ATTCACCAGAAGCACAAGACG	118
	Reverse	CAGTGAAGTTGATGTTCTCCAGT	
dmrt1	Forward	ATGGTTACCTCCGATCTGCAC	125
	Reverse	AACTTGGAGTTCCTTCCCATG	
gsdf	Forward	TCTTATGTCTGCTGTGTTTCCTC	147

在 MET 处理组中，遗传 XX 性腺中 *foxl2* 和 *cyp19a1a* 的表达水平从处理后 25 d 开始随即下降；在处理后 55 d 时，MET 处理的 XX 性腺中 *foxl2* 和 *cyp19a1a* 的表达水平与对照 XY 没有显著差异（$P>0.05$）；在 MET 处理的 XX 红鳍东方鲀的性腺中的 *dmrt1* 的表达从处理后 25 d 开始增加，但在处理后 40 d 和 55 d 时显著低于对照组 XY 个体和 MET 处理组（$P<0.05$）；与对照组相比，MET 处理组的 XX 个体的 *gsdf* 表达在处理后 25 d、40 d 和 55 d 时没有增加（$P>0.05$）（图 3-9）。T4 处理后 25 d 时，XY 中 *cyp19a1a* 的表达水平较对照组 XY 显著增加（$P<0.05$）；然而，在处理后 40 d 和 55 d 时，增加趋势并未持续；在处理后 25 d、40 d 和 55 d 时，T4 处理的 XY 性腺中的 *fox12* 表达水平与对照 XY 没有显著差异（$P>0.05$）；在处理后 40 d 和 55 d 时，T4 处理的 XY 性腺中 *cyp19a1a* 的表达水平与对照 XY 没有显著差异（$P>0.05$）；此外，与对照- XY 相比，仅在处理后 40 d 时观察到 T4 处理的 XY 中 *dmrt1* 表达水平的显著降低（$P<0.05$）；与对照 XY 相比，在处理后 55 d 时观察到 T4 处理的 XY 中 *gsdf* 表达水平显著增加（$P<0.05$）；有趣的是，在处理后 25 d 和 40 d 时，T4 处理的 XX 幼鱼性腺中 *foxl2* 和 *cyp19a1a* 的表达显著降低（$P<0.05$）（图 3-10）。

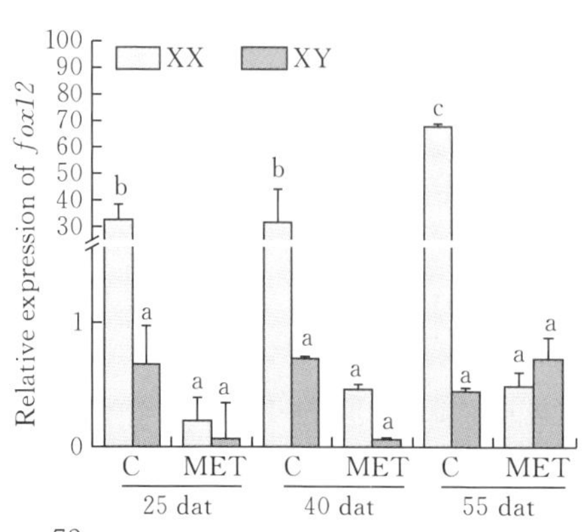

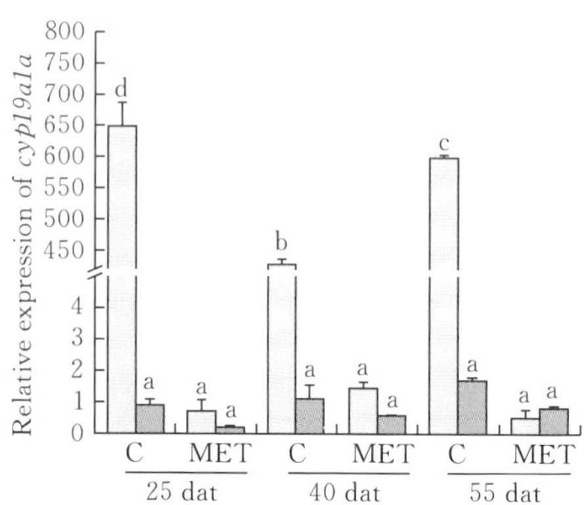

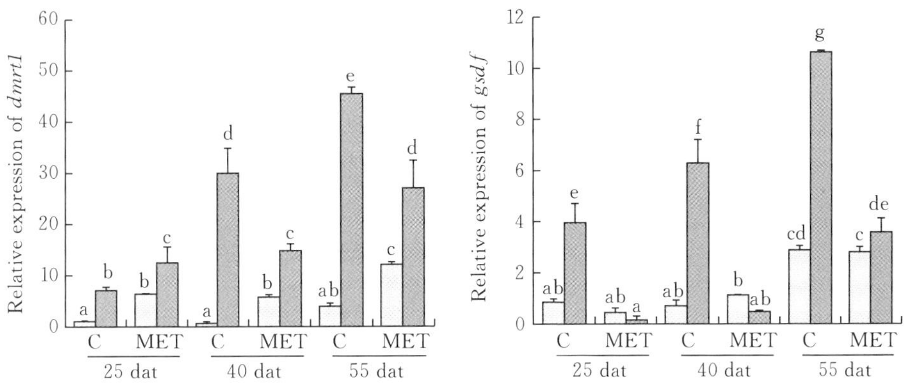

图 3-9　MET 处理后红鳍东方鲀性腺中 *foxl2*、*cyp19a1a*、*dmrt1* 和 *gsdf* 的表达水平

注：C，对照组；MET，MET 处理组。每个值代表三次测量的平均值±SD，不同小写字母表示每次处理之间存在显著差异（单向方差分析，$P<0.05$，$n=3$）；dat，处理后天数

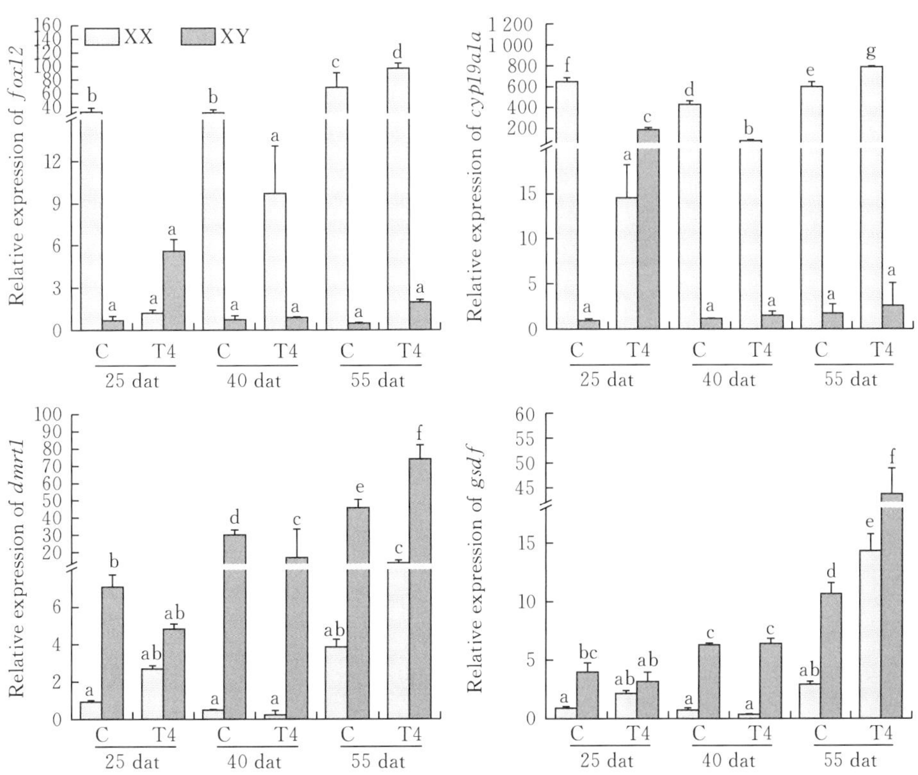

图 3-10　T4 处理后红鳍东方鲀性腺中 *foxl2*、*cyp19a1a*、*dmrt1* 和 *gsdf* 的表达水平

注：C，对照组；T4，T4 处理组。每个值代表三次测量的平均值±SD，不同小写字母表示每次处理之间存在显著差异（单向方差分析，$P<0.05$，$n=3$）；dat，处理后天数

第四节　讨　　论

处理结束时发现，与对照组相比，将红鳍东方鲀幼鱼进行 MET 处理后并不会影响红鳍东方鲀体长，但体重和存活率显著增加。然而，在斑马鱼中，MET 处理组幼鱼的体长显著低于对照组（Lam 等，2005）。此外，在黑头鱼（*Pimephales promelas*）的研究中也发现，在受精后 0～28 d，使用 100 mg/L 高氯酸铵处理受精卵也会抑制其生长（Crane 等，2005）。高氯酸铵通过抑制甲状腺滤泡吸收碘来抑制甲状腺激素（TH）合成。然而，也发现黑头鱼和斑马鱼的存活率并未受到高氯酸盐处理的影响（Mukhi 等，2007；Crane 等，2005）。此外，在红鳍东方鲀中，T4 并不影响幼鱼的存活率，但与对照组幼鱼相比，其生长加快。这一发现与斑马鱼中的结果不同，在斑马鱼中观察到 T4 对幼鱼产生毒性作用，如 T4 处理会导致下颌生长异常加速等多种发育过程受到影响（Mukhi 等，2007）。总而言之，这些结果证明 TH 和 TH 抑制剂对幼鱼生长和存活的影响具有物种特异性。然而，尚不清楚为什么 T4 暴露会导致较高的幼鱼死亡率（Mukhi 等，2007）。在一些鱼类中，攻击行为或同类相食可导致幼鱼大量死亡（Smith 等，1991；Ruzzante 等，1994）。鱼类的死亡也可能归因于细菌或真菌感染的增加，甚至鱼类的同类相食行为（Ohgami 等，1982；Han 等，1994；Iwamoto 等，1997）。红鳍东方鲀的幼鱼从孵化后 6 d 开始表现出攻击性行为和同类相食的行为（Suzuki 等，1995），在饲养期间，大多数死鱼都表现出被攻击的迹象，包括皮肤咬痕等。MET 可能会减少潜在的同类相食现象，从而降低红鳍东方鲀幼鱼的死亡率。然而，TH 的水平如何影响同类相食行为还需要进一步研究来证明。

以往在斑马鱼和三刺鱼上，发现甲状腺对性别分化影响的研究结果相互矛盾。在斑马鱼中，使用 T4 处理幼鱼诱导的甲状腺功能亢进会产生更多的雌性后代，而用致甲状腺肿素、高氯酸盐或 MET 诱导的甲状腺功能减退症处理会在早期发育过程中使其产生更多的雄性后代（Mukhi 等，2007；Sharma 等，2013；Sharma 等，2016）。然而在三刺鱼中，高氯酸盐引起的甲状腺功能减退能使雌鱼雄性化，从而导致功能性雌雄同体（Bernhardt 等，2006）。在两栖动物中也观察到相互矛盾的结果（Hayes 等，1998；Goleman 等，2002）。使用 MET 可以诱导红鳍东方鲀雄性化，是证明 MET 处理可以导致硬骨鱼雄性化的第一个证据。这一发现与之前对斑马鱼的研究相反（Sharma 等，2013）。此外，尽管本部分研究使用了斑马鱼中类似的 TH 剂量，但在整个实验条件下并未观察到 TH 诱导的性逆转。今后应该使用更高的剂量进行进一步的研究。了解 TH 对更多硬骨鱼物种性别分化的影响及其潜在分子机制至关重要。从幼鱼中收集微小的性腺较难，并且从红鳍东方鲀的单个性腺中提取的总 RNA 通常是极其微量的，因此，本研究采用混样提取 RNA 策略。此外，在其他硬骨鱼，也采用混样的策略进行分析，如尼罗罗非鱼（Tao 等，2013；Sun 等，2018）。对于 RNA 不足的情况，使用 RNA 混样是一个不错的选择，并且在测试低至中等丰度水平的差异表达基因时也能有效保持统计的准确性（Takele 等，2020）。因此，本部分研究 RNA - seq 测序用的 RNA 样本为混样，没有生物重复；但是定量 PCR 进行了 3 个技术重复。

在 MET 处理组，幼鱼性腺中参与类固醇激素生物合成的基因表达受到抑制，如 XX 性腺中的 *foxl2* 和 *cyp19a1a*。使用 qPCR 比较了 MET 处理组和对照组在处理后 25 d、40 d 和 55 d 时的 *foxl2* 和 *cyp19a1a* 的表达，结果与 RNA - seq 结果一致。细胞色素 P450 芳香酶由 *cyp19a1a* 编码，负责在卵巢中将雄激素转化为雌激素（主要是 E_2）（Young 等，2005；Nagahama 等，2010；Tokarz等，2015）。在性别分化的关键时期，通过芳香酶抑制剂（如法曲唑、来曲唑）阻断内源雌激素合成已被证明可以诱导多种硬骨鱼的雄性化（Piferrer 等，2010；Kitano 等，2000；Fenske 等，2004；Komatsu 等，2006；Thresher 等，2011）。最近的研究还表明，长期芳香酶抑制剂处理可以诱导成年雌性青鳉、罗非鱼和斑马鱼的性逆转（Paul - Prasanth 等，2013；Takatsu 等，2013；Sun 等，2014）。与雄性红鳍东方鲀幼鱼相比，雌性红鳍东方鲀幼鱼中的 *cyp19a1a* 表现出显著更高的水平，这与之前的研究是一致的。用法曲唑处理孵化后 19～100 d 的红鳍东方鲀也抑制了所有个体的卵巢腔形成，并诱导了其幼鱼随后的精巢分化（Kamiya 等，2012）。这些结果表明，与其他硬骨鱼一样，*cyp19a1a* 可能在红鳍东方鲀卵巢分化中发挥关键作用（Piferrer 等，2010；Kitano 等，2000；Fenske 等，2004；Komatsu 等，2006；Thresher 等，2011；Paul - Prasanth 等，2013；Takatsu 等，2013；Sun 等，2014）。同样，MET 诱导的雄性化可能主要是通过抑制 *cyp19a1a* 和 E_2 的产生来间接产生影响的。在斑马鱼中，甲状腺功能亢进会降低雄性偏向的性别比例，同时伴随着 *cyp191a* 表达和芳香酶活性的降低，从而产生雄性偏向的性腺性别比例（Sharma 等，2016）。在一些哺乳动物中，甲状腺功能减退症会增强雄性大鼠支持细胞中的芳香酶活性和 E_2 含量（Panno 等，1994，1996）。TH 处理抑制卵巢和精巢支持细胞的芳香酶活性和雌激素产生（Panno 等，1994；Gregoraszczuk 等，1998；Hatsuta 等，2004）。因此，这些结果表明，TH 影响红鳍东方鲀和其他硬骨鱼性别决定的潜在机制可能与 TH 和性类固醇激素之间复杂的互作关系有关，而性类固醇激素似乎在硬骨鱼的性别决定和分化中发挥着关键作用（Habibi 等，2012；Liu 等，2011；Flood 等，2013；Tovo - Neto

等，2018）。在斑马鱼中，尽管 MET 会延迟遗传雄性的精巢分化（卵巢到精巢的转化），并且甲状腺激素会诱导基因雌性的雄性化，但 T4 和 MET 都会抑制 *cyp19a1a* 的表达（Sharma 等，2016）。这些有争议的结果可能指出了 TH 和 MET 对 *cyp19a1a* 表达甚至性别分化的潜在机制，这种效应也可能具有物种特异性。T4 可能与 *cyp19a1a* 的启动子结合来调节其表达。事实上，对红鳍东方鲀 *cyp19a1a* 启动子的生物信息许多分析表明，它存在三个甲状腺反应元件，其带有类似于热带爪蟾（*Silurana tropicis*）甲状腺结合位点的回文序列（5′- TGACCT - 3′、5′- TGTCCT - 3′）（Campbell 等，2017）。

Foxl2 已被证明在尼罗罗非鱼 *cyp19a1a* 转录调控中发挥作用。通过 TALEN 敲除 XX 鱼中的 *foxl2*，导致 *cyp19a1a* 表达和血清 E_2 水平降低，从而导致性逆转（Wang 等，2010；Li 等，2013；Zhang 等，2017）。这里，与对照 XX 相比，在 MET 处理的 XX 红鳍东方鲀中观察到 *foxl2* 的表达更高。这可以解释 MET 处理后 *cyp19a1a* 表达为什么增加。此外，通过生物信息学分析，在红鳍东方鲀 *foxl2* 的启动子中发现了热带沙门氏菌中鉴定的一种甲状腺反应元件（5′- TGTCCT - 3′）（Campbell 等，2017）。需要进一步实验证实红鳍东方鲀中 *foxl2* 和 *cyp19a1a* 启动子区域中预测的甲状腺反应元件。此外，还发现 T4 处理在处理后 25 d 时诱导遗传 XY 性腺中 *cyp19a1a* 的表达增加。该结果表明 T4 能够诱导 *cyp19a1a* 的表达。相反，*cyp19a1a* 的表达增加并没有持续到处理后 40 d 和 55 d。这可能是 T4 处理组的幼鱼没有实现性逆转（精巢到卵巢）的原因之一。这些结果表明应在未来的实验中进行进一步的研究。此外，转录分析显示，虽然 T4 处理的 XY 幼鱼的 *foxl2* 和 *cyp19a1a* 的表达水平显著低于基因 XX，但在处理后 55 d 时的表达水平高于对照组 XY 个体。

MET 处理的 XX 红鳍东方鲀性腺中的 *dmrt1* 的表达上升。红鳍东方鲀 *dmrt1* 启动子显示有 5 个甲状腺反应元件，这些元件被确定为热带爪蟾的甲状腺结合位点（Campbell 等，2017）。在脊椎动物中，一些 DM 结构域基因（*dmrt*）已被证明是配子发生和性腺分化所必需的。*dmrt1* 似乎具有更重要的作用，并且可能参与所有脊椎动物的精巢分化（Zarkower 等，2013）。在红鳍东方鲀中，与 XX 个体相比，XY 未分化性腺中 *dmrt1* 的表达水平显著升高。在红鳍东方鲀的生命早期阶段，E_2 处理导致 XY 个体中 *dmrt1* 的减少和雌性化（Lee 等，2009）。因此，*dmrt1* 可能在红鳍东方鲀精巢分化过程中发挥关键作用。除了 *foxl2* 和 *cyp19a1a* 的负调控外，MET 诱导性别比例偏向雄性可能还需要刺激 *dmrt1*。*dmrt1* 已被证明可以直接抑制罗非鱼中的 *cyp19a1a* 转录。功能获得实验表明，XX 罗非鱼中 *dmrt1* 过度表达能够降低 *cyp19a1a* 表达和血清 E_2 水平，从而导致性逆转（Wang 等，2010）。在青鳉中，编码含有 DM 结构域的转录因子 *dmy* 的常染色体基因 *dmrt1* 的复制品也可能能够抑制 Ad4BP/SF-1 激活的 *cyp19a1a* 转录（Wang 等，2010）。敲低 *dmy* 还可以诱导 *cyp19a1a* 表达增加和性逆转（Chakraborty 等，2016）。然而，*dmrt1* 和 *cyp19a1a* 之间的关系还需要未来的研究证实。

转录组分析结果表明，MET 处理可以下调雌激素受体 1（Estrogen receptor 1，*esr1*）的表达。雌激素通过与特定受体，即核雌激素受体（ERs）结合来发挥其功能（Klinge 等，2000；Hewitt 等，2002）。然而，单一敲除 *esr1*、*esr2a* 或 *esr2b* 并不会导致斑马鱼的性别逆转。同时，*esr2a/b* 的双重敲除会导致卵黄发生前阶段的卵泡发生停滞，并随后影响雌性向雄性的性逆转（Lu 等，2017）。虽然 *cyp19a1a* 和 *esr2a/b* 突变体诱导由雌向雄的性别逆转，但芳香酶的缺乏会抑制卵巢分化，而 ER 的缺失则无法维持卵巢状态，导致性别逆转，这两种情况下的机制被认为是不同的。综上所述，*cyp19a1a* 是卵巢分化早期的可靠标志，对于鱼类卵巢分化/维持是不可或缺的。因此，尚不清楚 *er1* 的下调是 MET 诱导的雄性化的原因还是结果。*gsdf* 是一种仅在鱼类中发现的新 TGFB 超家族成员，已在许多雌雄异体和雌雄同体鱼类中克隆（Sawatari 等，2007；Gautier 等，2011；Myosho 等，2012；Kaneko 等，2015；Horiguchi 等，2013；Chen 等，2015；Zhu 等，2016）。Y 染色体上的 *gsdf* 已被证实是性别决定基因（Myosho 等，2012）。功能获得和缺失分析表明，该基因对于硬骨鱼性别决定和分化至关重要（Imai 等，2015；Jiang 等，2016；Zhang 等，2016）。在红鳍东方鲀的雄性未分化性腺中，观察到了较高的 *gsdf* 表达水平，表明它可能具有与其他硬骨鱼中描述的类似作用。红鳍东方鲀 *gsdf* 的启动子分析显示，有一个甲状腺反应元件（5′-TGTCCT-3′）被确定为甲状腺结合位点（Panno 等，1994）。然而，*gsdf* 表达对 MET 或 TH 暴露并不敏感。这表明 *gsdf* 表达的变化对于红鳍东方鲀中 TH 合成抑制诱导的雄性化来说不是必需的，也可能不与之相关。

脱碘酶负责 TH 外周代谢，甲状腺受体介导 TH 活性，并且两者都存在于性腺组织内（Flood 等，2013；Tovo-Neto 等，2018）。一般来说，Dio1 和 Dio2 负责催化 T4 转化为更活跃的 T3；而 Dio3 负责 T3 和 T4 转化为无活性代谢物，分别为逆 T3（rT3）和 T2。先前的研究表明，脱碘酶维持 TH 的基本分泌水平对于脊椎动物精巢的发育可能是必要的。在硬骨鱼中，精巢中的 *dio2* 和 *dio3* mRNA 水平高于条纹鹦嘴鱼（*Scarus iseri*）的卵巢（Johnson 等，2011）。在虹鳟中，精巢内 *dio2* 表达较高，并且 *dio2* 表达依赖于生精阶段，在生精开始时增加（Sambroni 等，2001）。本研究中，精巢和卵巢之间未发现 *dio1*、*dio2*、*dio3a*、*tra* 和 *trb* 的性别二态性表达；同样，RNA-seq 分析发现，在 T4 或 MET 处理后未发现其表达水平发生变化。然而，*dio3* 被鉴定为C _ XX和C _ XY红鳍东方鲀之间的差异表达基因。T4和MET处理均下调了XY红鳍东方鲀中的表达。这些结果表明T4或MET处理对甲状腺激素分泌有影响。先前的研究表明，雄激素轴直接调节TH合成，并且雄激素和TH轴之间存在较大的互作关系（Flood等，2013；Tovo－Neto等，2018)。在硬骨鱼中，主要的内源性雄激素是11－酮睾酮（11－KT）（Borg，1994)，类固醇生成酶11b－羟化酶（*cyp11c1*）和11b－羟基类固醇脱氢酶2（*hsd11b2*）负责将睾酮和雄烯二酮转化为11－KT（Kusakabe等，2002；Kusakabe等，2003；Wang等，2007)。在这里，*cyp11c1*的表达在T4和MET处理的XY红鳍东方鲀中受到抑制。综上所述，这些结果表明T4和MET处理可能通过抑制*cyp11c1*的表达来下调*dio3*的表达。今后应该对这些潜在的分子机制进行进一步的研究。由于从性腺中提取的总RNA量有限，qPCR仅验证了少数差异表达基因。今后还应检测XX和XY性腺中*dio1*、*dio2*、*dio3a*、*dio3*、*tra*和*trb*的详细表达谱，并在将来对这些基因在红鳍东方鲀性别分化过程中的功能进行详细分析。

研究结果表明，MET处理会导致红鳍东方鲀雄性化。MET诱导的红鳍东方鲀雄性化作用可能主要通过抑制*foxl2*和*cyp19a1a*的表达以及刺激*dmrt1*的表达来发挥作用。此外，今后还应使用较高浓度的T4或不同浓度的T3来分析其对性别分化的影响。

第四章

皮质醇激素对红鳍东方鲀性别分化的影响

第一节　皮质醇激素对鱼类性别分化的影响

皮质醇（cortisol）既是鱼类主要的糖皮质激素（glucocorticoid，GC），也是一种类固醇激素，它被认为是连接外部环境刺激与内部生理反应的关键因子（Solomon - Lane 等，2013）。当鱼体受到外界应激因子刺激后，下丘脑-垂体-肾间组织（hypothalamus - pituitary - interrenal，HPI）轴会迅速做出反应，由下丘脑释放促肾上腺皮质激素释放激素（corticotropin - release hormone，CRH）作用于垂体，刺激垂体前叶促肾上腺皮质激素细胞分泌促肾上腺皮质激素（adrenocorticotropic hormone，ACTH），ACTH 刺激肾间细胞分泌皮质醇激素，并作用于全身各个靶器官（Barton，2002）。近年来研究发现，皮质醇可能介导了环境影响鱼类性别分化的过程。在一些鱼类中，外源皮质醇处理会造成基因型为雌性个体的雄性化，而在皮质醇处理时，使用雌激素或皮质醇合成抑制剂在一定程度上能回救上述皮质醇所造成的雄性化（Ribas 等，2017；彭锟，2019）。研究还发现，高温、高密度养殖等环境因素会造成一些鱼类皮质醇水平增加，进而导致雄性化（Nozu 和 Nakamura，2015；Garcia - Cruz 等，2020）。在雌雄同体的鱼类中，由于种群社会结构变化所造成的性转变往往伴随着皮质醇水平的改变。目前皮质醇作用于鱼类性别分化与性转变的具体机制尚不明确。故探讨皮质醇对鱼类性别分化的影响及厘清调控机制有助于人们认知外部环境因素影响鱼类性别的作用途径及性别分化的内分泌机制。

Van den Hurk 等（1985）分别用皮质醇、皮质醇代谢物可的松（cortisone）处理性别未分化的虹鳟均能获得性反转的雄性个体。这表明糖皮质激素会影响鱼类的性别分化，意味着鱼类的性别分化受 HPI 轴调控。上述发现引起了国内外学者的广泛关注。随后，研究人员陆续在雌雄异体鱼类如银汉鱼（Hattori 等 2009）、漠斑牙鲆（*Paralichthys lethostigma*）（Mankiewicz 等，2013），及雌雄同体鱼类如条纹锯鮨（*Centropristis striata*）（Miller 等，2019）、斜带石斑鱼（*Epinephelus coioides*）（Chen 等，2020）等中发现了皮质醇类似的作用效果。

一、皮质醇处理对雌雄异体鱼类性别分化的影响

在雌雄异体鱼类中，皮质醇处理会造成斑马鱼（Ribas 等，2017）、尼罗罗非鱼（彭锟，2019）等模式鱼类以及黄颡鱼（齐飘飘，2020）、褐牙鲆（Yamaguchi 等，2010）等经济鱼类的雄性化，且皮质醇诱导的雄性化具有剂量依赖性（表 4-1）。例如，分别用 400 mg/kg、800 mg/kg 皮质醇浓度的饲料投喂孵化后 7 d 的博纳里牙汉鱼至孵化后 10 周，所产生的雄性比例分别为 95%和 100%（Hattori 等，2009）。对孵化后 60 d 的漠斑牙鲆分别饲喂 100 mg/kg、400 mg/kg 皮质醇浓度的饲料 4 周，产生的伪雄鱼比例为 71%和 87%（Mankiewicz 等，2013）。皮质醇处理的起始时期不同，影响的效果也不同。例如，在尼罗罗非鱼中，对孵化后 5 d 基因型为雌性的幼鱼进行 25 d 皮质醇（1 000 mg/kg 饲料）饲喂会造成幼鱼性腺中卵母细胞的缺失；而在孵化后 40 d 开始皮质醇处理，在处理 50 d 后幼鱼性腺中仍具卵母细胞（彭锟，2019）。此外，经皮质醇处理所产生的伪雄鱼可能具有生殖功能。例如，采用 300 mg/kg 皮质醇浓度的饲料对孵化后 12 d 的黄颡鱼处理 24 d 所产生的伪雄鱼具有精小叶结构和生理性雄鱼特有的生殖突（齐飘飘，2020）。

上述经外源皮质醇处理造成鱼类的雄性化，在一定程度上可被雌激素或皮质醇合成抑制剂回救。例如，对孵化后 30 d 基因型为雌性的褐牙鲆研究发现，对照组（正常饲料）、皮质醇（每千克饲料中 100 mg）组、联合使用皮质醇（每千克饲料中 100 mg）和 E_2（每千克饲料中 1 mg）饲喂组所产生的雄性比例分别为 3.3%、50%和 0%（Yamaguchi 等，2010）。而分别用皮质醇（每千克饲料中 50 mg）、皮质醇合成抑制剂美替拉酮（每千克饲料中 500 mg）、联合使用皮质醇（每千克饲料中 50 mg）和美替拉酮（每千克饲料中 500 mg）对 15 日龄的斑马鱼进行为期 1 个月的饲喂，所产生的雄性比例分别为 100%、61.9%和 48.6%（Ribas 等，2017）。

二、皮质醇处理对雌雄同体鱼类性别分化的影响

皮质醇处理也会诱导一些雌雄同体鱼类的雄性化（表 4-1）。分别用皮质醇（每千克饲料中 300 mg）、皮质醇受体拮抗剂米非司酮（mifepristone）（每千克饲料中 6.25 mg）饲喂性别未分化的雌雄同体雌性先熟的条纹锯鮨幼鱼，处理 84 d 后所产生具有精巢或兼型性腺的个体比例分别为 100%和 82.9%（Miller 等，2019），推测皮质醇通过与皮质醇受体结合的方式对鱼类性别进行调控。而在某些雌雄同体鱼类中，对成鱼进行皮质醇处理也会造成雌鱼性转变为雄鱼。例如，对雌性三斑海猪鱼（*Halichoeres trimaculatus*）成鱼进行为期

表 4-1 外源皮质醇处理诱导鱼类雄性化过程中性别比例及性别相关基因表达统计

生殖策略	物种	皮质醇处理				雄性比例	性别相关基因	参考文献
		方式	浓度	起始时期	时长			
雌雄异体	虹鳟 *Salmo gairdneri*	浸泡处理	每 100 L 水中 30 mg	受精后 41 d	1 个月	92%（受精后 150 d） 80%（受精后 300 d）		Van den Hurk 等（1985）
	漠斑牙鲆 *Paralichthys lethostigma*	饲喂处理	每千克饲料中 100 mg	孵化后 60 d（XX 基因型幼鱼）	4 周（第 2 周和第 3 周间存在 12 d 的暂缓期）	71%（孵化后 138 d）		Mankiewicz 等（2013）
		饲喂处理	每千克饲料中 300 mg	孵化后 60 d（XX 基因型幼鱼）	4 周（第 2 周和第 3 周间存在 12 d 的暂缓期）	87%（孵化后 138 d）		
	黄颡鱼 *Tachysurus fulvidraco*	饲喂处理	每千克饲料中 300 mg	孵化后 12 d	24 d	97%（孵化后 62 d） 84%（孵化后 122 d）		齐飘飘（2020）
	博纳里牙汉鱼 *Odontesthes bonariensis*	饲喂处理	每千克饲料中 400 mg	孵化后 7 d	9 个周	95%（孵化后 18 周）	*amh* ↑ *cyp19a1a* ↓	Hattori 等（2009）
		饲喂处理	每千克饲料中 800 mg	孵化后 7 d	9 个周	100%（孵化后 18 周）	*amh* ↑ *cyp19a1a* ↓	
	尼罗罗非鱼 *Oreochromis niloticus*	饲喂处理	每千克饲料中 1 000 mg	孵化后 5 d（XX 基因型幼鱼）	25 d		*cyp19a1a* ↓ *gsdf* ↑	彭锟（2019）
		饲喂处理	每千克饲料中 1 000 mg 皮质醇＋800 mg 17β-雌二醇	孵化后 5 d（XX 基因型幼鱼）	175 d			

（续）

生殖策略	物种	皮质醇处理				雄性比例	性别相关基因	参考文献
		方式	浓度	起始时期	时长			
雌雄异体	尼罗罗非鱼 *Oreochromis niloticus*	饲喂处理	每千克饲料中 1 000 mg	孵化后 5 d（XX 基因型幼鱼）	55 d		*cyp19a1a*↓ *gsdf*↑	彭锟（2019）
		饲喂处理	每千克饲料中 1 000 mg	孵化后 40 d（XX 基因型幼鱼）	50 d		*cyp19a1a*↓	
	条纹锯鮨 *Centropristis striata*	饲喂处理	每千克饲料中 300 mg	性别未分化的幼鱼	84 d	0，但 68%具有兼性性腺（停止处理时）		Miller 等（2019）
	三斑海猪鱼 *Halichoeres trimaculatus*	饲喂处理	每千克饲料中 200 mg	雌性成鱼	6 个周	0，但 3/7 具有兼性性腺		Nozu 等（2015）
		饲喂处理	每千克饲料中 1 000 mg	雌性成鱼	6 个周	1/9，但 8/9 具有兼性性腺（停止处理时）		
雌雄同体	斜带石斑鱼 *Epinephelus coioides*	皮下注射	每千克体重 2 mg	雌性成鱼	2 个月	0	*dmrt1*↑ *amh*↑ *sox9*↑ *cyp19a1a*↑（停止处理时）	Chen 等（2020）
		皮下注射	每千克体重 10 mg	雌性成鱼	2 个月	0，但 4/4 具有兼性性腺	*dmrt1*↑ *amh*↑ *sox9*↑ *cyp19a1a*↑（停止处理时）	
		皮下注射	每千克体重 50 mg	雌性成鱼	2 个月	2/4，且 2/4 具有兼性性腺（停止处理时）	*dmrt1*↑ *amh*↑ *sox9*↑ *cyp19a1a*↑（停止处理时）	

6 周的皮质醇饲喂（每千克饲料中 1 000 mg）可造成血浆 E_2 水平下降，性腺中有出现生精细胞（Nozu 和 Nakamura，2015）。通过腹腔注射的方式让雌性斜带石斑鱼成鱼摄入皮质醇（每千克体重 50 mg），可使其性转变为雄性（Chen 等，2020）。然而在停止处理后，已经发生性转变的斜带石斑鱼精子发生停止，发育中的精子也消失了，这表明皮质醇引起的性转变具有暂时性。

以上发现表明，皮质醇对鱼类的性别分化具有重要作用，在一定程度上造成鱼类向雄性方向分化；并且进行外源皮质醇处理时，不同的浓度、处理时间、处理方式，对鱼类性别分化的影响效果不同。皮质醇可以通过皮质醇受体发挥调控作用，皮质醇合成抑制剂或雌激素在一定程度上可回救皮质醇诱导的雄性化。值得注意的是，在一些鱼类中，皮质醇诱导所产生的伪雄鱼具有生殖突，推测具有生殖功能。而在一些鱼类中，皮质醇处理造成的雄性化却是暂时的，停止处理后性别的改变将不可持续。目前，大多数研究没有将皮质醇处理产生的伪雄鱼饲养至性成熟，因此还不能确定皮质醇处理产生的伪雄鱼是否真正具有生殖功能，未来尚需深入研究。

三、环境因素对鱼类性别分化及内源皮质醇水平的影响

鱼类的性别分化与性转变受到外部环境因素的影响，在多种环境因素介导的鱼类性别分化与性转变过程中，内源皮质醇水平往往发生了相应的变化（表 4 - 2），故推断皮质醇可能是响应外部环境信号和鱼类性别分化与性转变的重要因子（Mankiewicz 等，2013；Hayashi 等，2010）。

在许多鱼类、爬行动物和两栖类生命早期阶段，温度对性别分化过程具有决定作用。Conover 和 Kynard 等（1981）首次证明温度会影响大西洋银汉鱼（*Menidia menidia*）性别。此后，研究人员开展了一系列温度对鱼类性别分化影响的研究。例如，对孵化后 9 d 奥利亚罗非鱼（*O. aureus*）进行为期 25 d 的温度试验，在 27 ℃、37 ℃条件下产生的雄性后代比例分别为 63.0%和 97.8%，这表明高温会使奥利亚罗非鱼偏雄性化（Desprez 和 Mélard，1998）。对孵化后 15～25 d 的基因型为雌性的斑马鱼进行高温处理（37 ℃）可得到 100%伪雄鱼（Uchida 等，2004）。此外，高温处理还会诱导金鱼（*Carassius auratus*）（Goto - Kazeto 等，2006）、半滑舌鳎（邓思平等，2007）、褐牙鲆（Yamaguchi 和 Kitano，2012）产生雄性化。

以上温度诱导产生的雄性化可能是一种由皮质醇介导的热应激结果。孵化后几周的环境温度决定了博纳里牙汉鱼幼鱼的性别，在 13～19 ℃时雄性的比例为 0%，在 24 ℃时为 50%，在 29 ℃时可达 100%（Hattori 等，2009；Strüssmann 等，1997），并且在 29 ℃饲育的幼鱼血浆皮质醇水平始终高于 17 ℃饲育的幼鱼（Hattori 等，2009）。研究还发现，24 ℃条件下对其投喂皮质醇

(以每克饲料中 0.8 mg 的剂量) 可使雄性比例达到 100% (Fernandino 等，2012)。在褐牙鲆 (Yamaguchi 等，2010) 和青鳉 (Hayashi 等，2010) 中也存在类似现象，高温条件下饲喂的幼鱼皮质醇水平往往较高，而雄性比例也相对较高。同时研究还发现，在一些鱼类中，饲喂 E_2 或美替拉酮可回救由高温诱导的雄性化 (Yamaguchi 等，2010；Hayashi 等，2010；Kitano 等，2012)。

种群密度也会对鱼类性别分化产生一定影响。高密度会造成拥挤胁迫，使幼鱼向雄性化转变 (Davey 和 Jellyman 等，2005)。早期的研究发现，欧洲鳗鲡 (*Anguilla anguilla*) 在 800 g/m^3、1 600 g/m^3、3 200 g/m^3 养殖密度下，雄性比例分别为 69%、78%和 96% (Roncaratia 等，1997)。此外，种群密度还会影响欧洲舌齿鲈 (*Dicentrarchus labrax*) (Saillant 等，2003)、斑马鱼 (Ribas 等，2017)、银汉鱼 (Nozu 和 Nakamura，2015) 等鱼类性别分化。研究发现，在鱼类早期发育阶段，高密度养殖造成的雄性化可能也与皮质醇水平有关。在鳗鲡性别分化期间，成群饲养个体的血浆皮质醇水平显著高于单独饲养个体 ($P<0.05$)，推断这是造成鳗鲡高密度养殖体雄性偏多的原因 (Chiba 等，2002)。在斑马鱼的性别分化期也发现，养殖密度越高，体内皮质醇水平越高，雄性比例也就越高 (Ribas 等，2017)。在对 XX 基因型银汉鱼的研究中也得出类似结论，用四周均为镜面的水槽饲养博纳里牙汉鱼比无反射光水槽饲养时，雄性比率更高 (Garcia - Cruz 等，2020)。推断由环境拥挤引起的雄性化过程中，负责处理视觉信息的大脑具有重要作用。综上，在鱼类性别分化期，高密度养殖造成的拥挤胁迫能促使鱼类体内皮质醇水平升高，而高皮质醇水平是造成鱼类雄性化的一个重要原因。

种群中的社会关系变化会造成雌雄同体鱼类，如黑双锯鱼 (*Amphiprion melanopus*) (Godwin 和 Thomas，1993)、双带锦鱼 (*Thalassoma bifasciatum*) (Godwin 和 Thomas，1993)、蓝带血虾虎鱼 (*Lythrypnus dalli*) (Solomon - Lane 等，2013) 等的性转变，在性转变期间也往往伴随着皮质醇水平的变化。

目前皮质醇作用于雌雄同体鱼类性别转变的假设，如 Perry 和 Grober (2003) 认为，在雌雄同体雌性先熟的双带锦鱼中，功能雄性通过攻击雌性，来提高雌性体内皮质醇水平，从而抑制雌性 11 - KT 合成，进而阻止双带锦鱼雌鱼的雄性化。如果将功能雄性从社会群体中移除，雌性的压力降低，体内皮质醇水平会下降，雌鱼出现雄性化。然而与 Perry 和 Grober 的假设所矛盾的是，当去除同样为雌雄同体雌性先熟的圆拟鲈 (*Parapercis cylindrica*) 功能雄性后，完成皮质醇植入的功能雌性仍可性转变为雄性，这表明高皮质醇水平并不能阻止圆拟鲈的雄性化 (Frisch 等，1993)。蓝带血虾虎鱼是一种具有一夫多妻制种群社会关系且雌雄同体、雌雄同步成熟的鱼类。研究发现，通常蓝

表 4-2　环境因素诱导雄性化过程中鱼类皮质醇水平和性别比例变化统计

处理	物种	生殖策略	试验			皮质醇水平	雄性比例	参考文献
			处理条件	起始时期	时长			
温度	博纳里牙汉鱼 *Odontesthes bonariensis*	雌雄异体	17 ℃	孵化后 0 d	18 周	29 ℃组>24 ℃组>17 ℃组（孵化后 3 周）；24 ℃组>17 ℃组>29 ℃组（孵化后 7 周）	0	Hattori 等（2009）
			24 ℃	孵化后 0 d	18 周		69.20%	
			29 ℃	孵化后 0 d	18 周		100%	
	褐牙鲆 *Paralichthys olivaceus*	雌雄异体	18 ℃	孵化后 30 d（XX 基因型幼鱼）	70 d	27 ℃组>18 ℃组（孵化后 60 d、100 d）	3.3%	Yamaguchi 等（2010）
			27 ℃	孵化后 30 d（XX 基因型幼鱼）	70 d		100%	
密度	鳗鲡 *Anguilla japonica*	雌雄异体	一个玻璃容器中养殖 1 尾鱼	性别分化早期	2 周	8 尾/容器组>4 尾/容器组=2 尾/容器组>1 尾/容器组		Chiba 等（2002）
			一个玻璃容器中养殖 2 尾鱼	性别分化早期	2 周			
			一个玻璃容器中养殖 4 尾鱼	性别分化早期	2 周			
			一个玻璃容器中养殖 8 尾鱼	性别分化早期	2 周			

（续）

处理	物种	生殖策略	试验			皮质醇水平	雄性比例	参考文献
			处理条件	起始时期	时长			
密度	斑马鱼 *Danio rerio*	雌雄异体	以 9 尾/L 的密度养殖	受精后 6 d	84 d	74 尾/L 组>9 尾/L 组	54.40%	Ribas 等（2017）
			以 19 尾/L 的密度养殖	受精后 6 d	84 d		61.40%	
			以 37 尾/L 的密度养殖	受精后 6 d	84 d		71.60%	
			以 74 尾/L 的密度养殖	受精后 6 d	84 d		80.10%	
社会关系	蓝带血虾虎鱼 *Lythrypnus dalli*	雌雄同体 雌雄同步成熟	移除种群中的功能雄性			功能雌性个体皮质醇水平先升高后下降，并在功能雄性移除后的 3 d 达到峰值		Solomon - Lane 等（2013）
水箱颜色	漠斑牙鲆 *Paralichthys lethostigma*	雌雄异体	22.9 ℃条件下，将幼鱼分别养殖在灰色、黑色和蓝色的水箱中	孵化后 60 d	93 d		灰色、黑色组：50%左右，蓝色：95%	Mankiewicz 等（2013）
			将幼鱼养殖在灰色、黑色和蓝色的水箱中，处理的前 50 d 温度控制在 19 ℃，后维持在 23 ℃	孵化后 60 d	93 d	蓝色组>灰色组>黑色组（处理 34 d 时）；在处理 65 d、93 d 时，3 个处理组皮质醇水平无显著差异	灰色、黑色组：55%；蓝色：74%	

带血虾虎鱼雄性体内皮质醇水平低，反而体型较大的雌性皮质醇水平高，但在雄鱼去除后，体型较大的雌鱼皮质醇水平开始上升，并在雄性去除后的1～3 d达到峰值，后逐渐降低（Solomon - Lane等，2013）。这表明在性别转变初期，高浓度的皮质醇对鱼类性转变为雄性起促进作用，这与Perry和Grober的假设不同（Todd等，2016）。而对于雌雄同体雄性先熟的黑双锯鱼，雄性和雌性皮质醇水平并无差异，但当功能雌性去除后，种群内各个体的皮质醇水平不断升高，并逐渐有个体性转变为新的功能雌性（Godwin和Thomas，1993）。以上研究可以看出，皮质醇的升高不仅能促进雌雄同体鱼类性转变为雄性，还可能在雌雄同体鱼类性转变为雌性的过程中发挥作用。综上所述，皮质醇水平的高低一定程度上反映了一些雌雄同体鱼类在种群中的社会地位。皮质醇参与了雌雄同体鱼类的性转变的过程，而高水平的皮质醇水平可能促进了一些雌雄同体鱼类的性转变。但目前相关的研究还较少，尚需进一步探究皮质醇在雌雄同体鱼类性转变中的作用机制。

光照、养殖水槽颜色也会对鱼类的性别分化造成影响，研究发现这些环境因素可通过影响鱼体皮质醇水平对鱼类性别分化进行调控，如将刚孵化的基因型为雌性的青鳉在绿光环境下饲养60 d可诱导产生伪雄鱼，且伪雄鱼具有生殖功能，所产生的精子可与正常卵子结合孵育全雌子代，推测绿光造成青鳉雄性化是由皮质醇水平变化引起的（Smith等，2009）。在探究养殖水箱对漠斑牙鲆性别分化影响时发现，蓝色水箱中饲养的漠斑牙鲆的皮质醇水平较高，相应的雄性比例也较高，推测背景颜色影响了漠斑牙鲆的性别，环境因素在性别决定期间充当压力源，并最终造成雄性偏向性（Mankiewicz等，2013）。总之，外部环境因素影响着鱼类的性别分化与性转变，而皮质醇可能是连接外部环境因素与鱼类性别调控的重要纽带，在鱼类的性别分化与性转变中起到重要作用。

第二节　皮质醇激素对红鳍东方鲀性别分化的影响

前文研究了红鳍东方鲀性别分化、发育过程以及性别分化初级阶段与性别相关的基因表达模式。研究发现，在幼鱼性腺发育初期，性别分化相关基因*gsdf*、*dmrt1*和*cyp11c1*在遗传雄性幼鱼性腺中显著表达，*cyp19a1a*和*foxl2*在遗传雌性幼鱼性腺中显著表达。红鳍东方鲀的性别分化受到温度和性类固醇激素等的影响。例如，E_2处理可诱导红鳍东方鲀雌性化，而芳香化酶抑制剂（法曲唑fadrozole或来曲唑letrozole，AI）、合成雄激素（17α-甲基睾酮，17α - methyltestosterone，MT）和甲巯咪唑（methimazole，MET）处理可诱导红鳍东方鲀雄性化。然而，其他类固醇激素，如皮质醇对该物种性别分化的潜在影响仍不确定。为探究皮质醇对红鳍东方鲀的性别分化的影响以及皮质醇影响性别分化的作用机制，特开展此研究，以期能实现全雄红鳍东方鲀群养殖，为揭示鱼类性别分化的内分泌机制奠定基础。

一、皮质醇、美替拉酮和米非司酮处理对生长和存活的影响

于 2021 年 4 月从大连天正实业有限公司购买孵化后 25 d 的红鳍东方鲀幼鱼，共计 11 400 余尾，在大连海洋大学设施渔业教育部重点实验室开展实验。平均分成 4 个组，即对照组、CR 处理组（每克饲料中 500 μg）、MOP 处理组（每克饲料中 500 μg）和 RU486 处理组（每克饲料中 500 μg）。每组 3 个重复（950 尾/桶）。经过 5 d 暂养，在幼鱼孵化后 30 d 时，开始进行饲喂处理。将 CR、MOP 和 RU486 分别溶于 95%浓度的乙醇中，其后将含有 CR、MOP 和 RU486 的 95%乙醇溶液分别喷洒到饲料（三通公司，潍坊，中国）上，待乙醇完全挥发后进行投喂处理。对照组饲喂的是经过 95%乙醇喷洒、乙醇完全挥发后的饲料。每日投喂 6 次饲料处理，处理至幼鱼孵化后 90 d，即进行 60 d 的饲喂处理。其后，各个处理组均饲喂不含药物的饲料至孵化后 150 d。每日换水 2 次，以保持海水清洁。每日进行残饵、粪便的清理，记录死亡量。养殖海水温度控制在 21～22 ℃。共设置了 3 个生长数据样本采集时期，分别是孵化后 50 d、70 d 和 90 d 时，每组随机选择 30 尾鱼（10 尾/桶），冰上麻醉后，测量体长和体重（$n=30$），其后进行解剖。根据 Bergot 等（1 986）死亡率和样本数量所述的公式得出了幼鱼的存活率。采用 IBM SPSS 22.0（IBM，美国）软件分别对对照组和实验组个体的体长、体重和存活率的数据进行单因素方差分析，使用 Dancan's 多重检验法分别检验实验组和对照组体长、体重、存活率的显著性差异，显著性设定为 $P<0.05$。

体长测定结果表明，在三个采样时期中，对照组与 CR 处理组幼鱼体长均存在显著差异（$P<0.05$）。在孵化后 50 d 时，CR 处理组幼鱼体长为（18.43±0.32）mm，显著低于对照组幼鱼体长［（23.50±0.39）mm］（$P<0.05$）；在孵化后 70 d 时，CR 处理组幼鱼体长为（32.71±0.59）mm，显著低于对照组幼鱼体长［（40.09±0.78）mm］（$P<0.05$）；在孵化后 90 d 时，CR 处理组幼鱼体长为（44.51±0.59）mm，显著低于对照组幼鱼体长（［51.81±1.26）mm］（$P<0.05$）（图 4-1 A），表明 CR 处理抑制了幼鱼的生长。

在孵化后 50 d 时，MOP 处理组幼鱼体长为（20.93±0.44）mm，显著低于对照组幼鱼体长（$P<0.05$）；在孵化后 70 d 时，MOP 处理组幼鱼体长为（39.45±0.64）mm，与对照组幼鱼之间无显著差异性（$P>0.05$ mm）；在孵化后 90 d 时，MOP 处理组幼鱼体长为（50.87±1.10）mm 与对照组幼鱼之

间无显著差异性（$P>0.05$）（图 4-1B）。表明在 MOP 处理初期抑制了幼鱼的生长，但是在处理后期，MOP 处理对幼鱼的生长影响较小。

在孵化后 50 d 时，RU486 处理组幼鱼体长为（21.00±0.45）mm，显著低于对照组幼鱼体长（$P<0.05$）；在孵化后 70 d 时，RU486 处理组幼鱼体长为（39.45±0.74）mm，与对照组幼鱼体长之间无显著差异性（$P>0.05$）；在孵化后 90 d 时，RU486 处理组幼鱼体长为（51.70±1.06）mm，与对照组幼鱼体长之间无显著差异性（$P>0.05$）（图 4-1C）。表明在 RU486 处理初期抑制了幼鱼的生长，但是在处理后期，MOP 处理对幼鱼的生长影响较小。

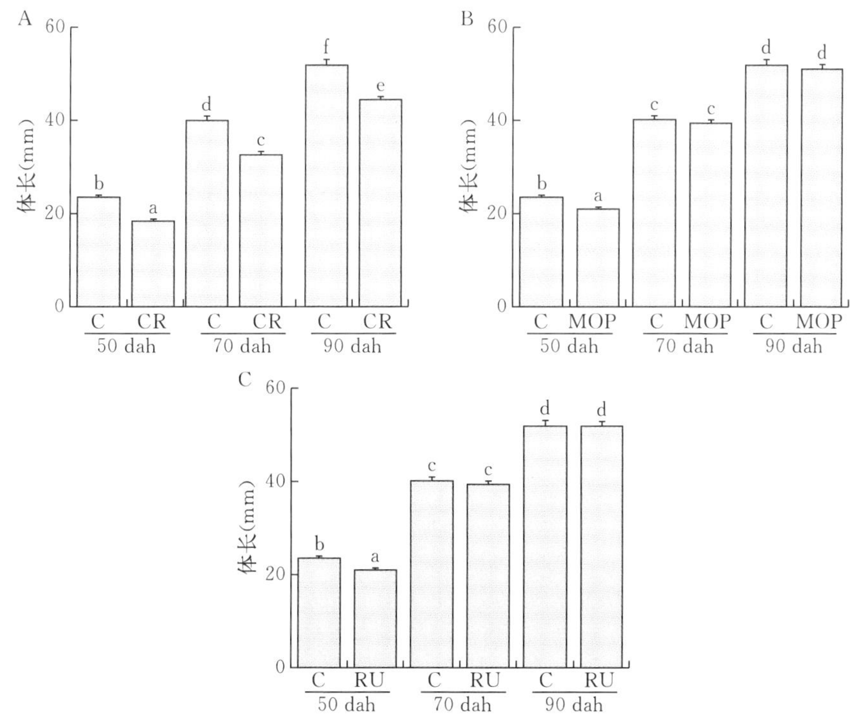

图 4-1 三个样品采集时期 CR、MOP 和 RU486 处理组幼鱼的体长

注：C，对照组；CR，皮质醇处理组；MOP，美替拉酮处理组；RU，RU486 处理组。dah，孵化后天数。每个值代表三次测量的平均值±SD，不同的小写字母表示每个处理之间存在显著差异（单因素方差分析，$P<0.05$，$n=3$）

在孵化后 50 d、70 d 和 90 d 时，对照组幼鱼的体重分别为（0.56±0.03）g、（2.37±0.04）g 和（5.15±0.09）g。在孵化后 50 d 时，CR 处理组幼鱼体重为（0.35±0.04）g，显著低于对照组幼鱼体重（$P<0.05$）；在孵化后 70 d 时，CR 处理组幼鱼体重为（1.47±0.03）g，显著低于对照组幼鱼体重（$P<0.05$）；在孵化后 90 d 时，CR 处理组幼鱼体重为（3.53±0.02）g，显著低于

对照组幼鱼体重（$P<0.05$）（图 4-2A）。这表明 CR 处理抑制了幼鱼的生长。

在孵化后 50 d、70 d 和 90 d 时，MOP 处理组幼鱼的体重分别为（0.47±0.01）g、（2.29±0.14）g 和（5.10±0.28）g，均与相应时期对照组幼鱼的体长之间无显著差异性（$P>0.05$）（图 4-2B）。这表明 MOP 处理对幼鱼生长的影响较小。

RU486 处理初期抑制幼鱼的体重，在孵化后 50 d 时，RU486 处理组幼鱼的体重为（0.45±0.05）g，显著低于对照组幼鱼体重（$P<0.05$）；在孵化后 70 d 时，RU486 处理组幼鱼体重为（3.48±0.36）g，显著高于对照组幼鱼体重（$P<0.05$）；在孵化后 90 d 时，RU486 处理组幼鱼体重为（5.23±0.09）g，与对照组幼鱼体重之间不存在显著差异性（$P>0.05$）（图 4-2C）。这表明 RU486 处理后期可能促进了幼鱼的生长。

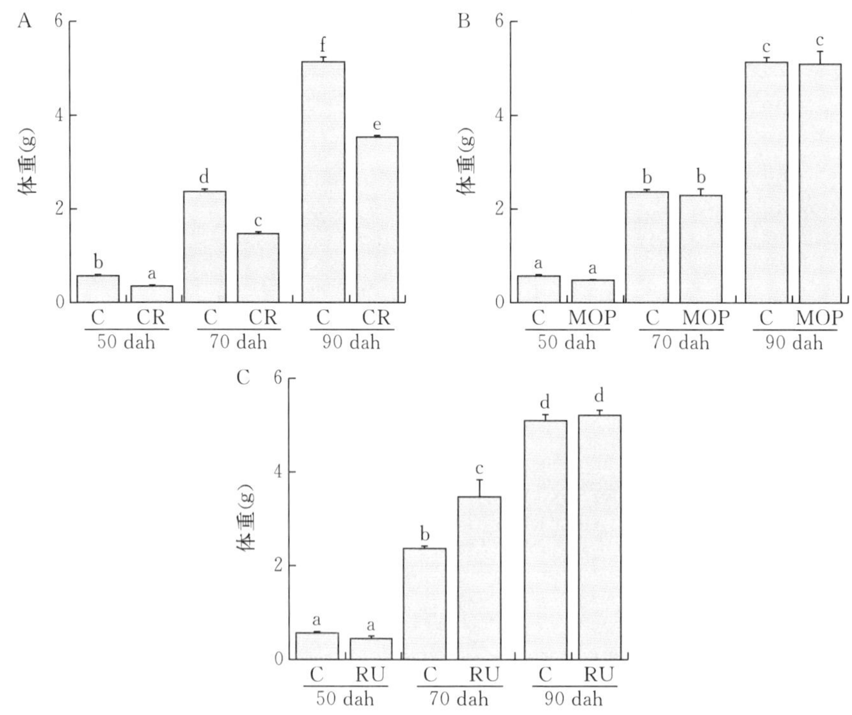

图 4-2　三个样品采集时期 CR、MOP 和 RU486 处理组幼鱼的体重

注：C，对照组；CR，皮质醇处理组；MOP，美替拉酮处理组；RU，RU486 处理组。dah，孵化后天数；每个值代表三次测量的平均值±SD，不同的小写字母表示每个处理之间存在显著差异（单因素方差分析，$P<0.05$，$n=3$）

计算了 CR、MOP 和 RU486 开始处理至处理结束时幼鱼的存活率。结果显示，对照组的存活率为（72.44±2.15）%。CR、MOP 和 RU486 处理组的

存活率分别为（71.33±0.27)%、(72.90±0.41)%和（65.97±3.10)%，与对照组均无显著差异（图 4－3）。这表明 CR、MOP 和 RU486 处理对幼鱼存活率的影响均较小。

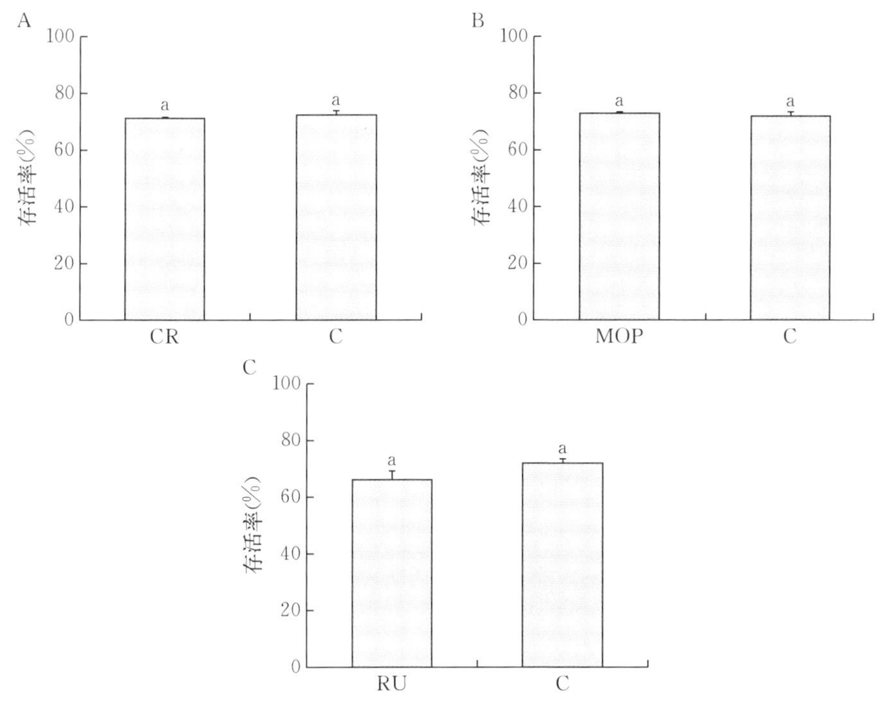

图 4－3　CR、MOP 和 RU486 处理组幼鱼的存活率

注：C，对照组；CR，皮质醇处理组；MOP，美替拉酮处理组；RU，RU486 处理组。每个值代表三次测量的平均值±SD，不同的小写字母表示每个处理之间存在显著差异（单因素方差分析，$P<0.05$，$n=3$）

结果表明，皮质醇处理的幼鱼生长速度较慢，但皮质醇处理对幼鱼的存活率的影响不大；美替拉酮和米非司酮处理对幼鱼的生长和存活率的影响均较小。皮质醇是一种压力激素，反映了鱼类对外界环境因素对鱼类的生理影响。尽管皮质醇升高对促进鱼类对抗外部不适的环境有积极的作用，但是长期高浓度的皮质醇水平则不利于鱼类的生长。对黄颡鱼幼鱼（2.29±0.72）g 进行 100 mg/kg 的皮质醇处理 5 周发现，进行皮质醇投喂的幼鱼体重在实验期间始终低于同期对照组（葛海燕等，2007），在虹鳟（Barton 等，2007；Gregory 和 Wood，1999），大西洋鲑（*Salmo salar*）和美洲红点鲑（*Salvelinus fontinalis*）中也发现了类似的现象（Vargas－Chacoff 等，2021），持续高浓度的皮质醇会对鱼类的生长造成不利的影响。皮质醇影响鱼类生长代谢的途径目前还不确

定，可能的途径包括：①皮质醇调节食欲相关神经肽的活性，影响生长发育；②皮质醇通过抑制生长激素胰岛素样生长因子的水平，影响鱼体生长发育；③皮质醇可能促进糖异生作用，加快组织蛋白和脂肪的分解，进而抑制鱼体生长。

皮质醇可能通过调节食欲，来影响鱼体的生长发育。在大西洋鲑中发现皮质醇处理的鱼体肠胃中的食物含量相较于对照组是下降的，这可能是影响鱼体生长发育的原因（Vargas - Chacoff 等，2021）。食欲受到下丘脑或外周信号通过一系列的神经肽的调节，这些神经肽可以促进或者抑制食欲（Arora，2006；Rønnestad 等，2017）。这些神经肽包括由下丘脑释放的促进食欲的神经肽 Y（neuropeptide Y，NPY）、α -，β -，Y -黑素细胞刺激激素（α -，β -，γ - melanocyte - stimulating hormones，MSH）；由胃和肠道释放的胃饥饿素（ghrelin）；由下丘脑释放的促肾上腺皮质激素释放因子（corticotropin - releasing factor，CRF）；由肝脏释放的瘦素（leptin）（Schjolden 等，2009；Johansson和 Björnsson，2017）。在对金鱼的研究中发现，皮质醇植入会造成鱼体摄食和生长速度的降低，同时还发现，经皮质醇植入的幼鱼端脑-视前脑区 *NPY* mRNA 的转录水平上调，*CRF* mRNA 转录水平下调（Bernier 等，2004）。在虹鳟中，皮质醇处理造成肝脏瘦素 *lep - a1* 和大脑视前区 *CRF* mRNA水平增加，同时食物摄入量和生长速度减少（Madison 等，2015）。推测皮质醇可能通过影响与食欲相关神经肽基因的表达，进而调控鱼类的生长发育。在红鳍东方鲀中，尽管未对食欲相关的神经肽基因表达水平进行测定，但是在养殖中发现，相较于对照组，皮质醇处理组幼鱼的摄食量较少，推测皮质醇可能通过调节食欲，抑制了红鳍东方鲀幼鱼的生长。

与其他脊椎动物相同，生长激素/胰岛素样生长因子- 1（growth hormone / insulin - like growth factors - 1，GH/IGF - 1）是鱼类生长和发育的关键通路（Moriyama 和 Kawauchi，2001）。一些研究认为，皮质醇可能通过影响调节 GH/IGF - 1 来影响鱼类的生长发育（Madison 等，2015；Small 等，2006）。在虹鳟的禁食压力实验过程中，虹鳟的血浆 GH 水平呈逐渐上升状态，血浆 IGF - 1 呈逐渐下降趋势（Björnsson 等，2018）。在大西洋鲑中，血浆 GH 水平在皮质醇植入 14 d 显著增加，而血浆 IGF - 1 水平被抑制（Vargas - chacoff 等，2021）；在鲇（*Ictalurus punctatus*）中也发现了类似的现象（Peterson 和 Small，2005）。这些结果表明，在皮质醇或者应激处理后，肝脏或血浆的 IGF - 1 水平的降低，可能导致生长速率的降低。皮质醇可通过下调 GH 受体基因的转录水平（Small 等，2006），和/或通过激活减弱 GH 信号转导的细胞途径来影响 GH/IGF - 1（Philip 和 Vijayan，2018）。在一些研究中还发现，皮质醇可能通过调控一些鱼类的 IGF - 1 结合蛋白（IGF - 1 binding proteins，IG-

FBP）水平影响鱼体生长发育（Breves 等，2020；Kajimura 等，2003），这丰富了皮质醇对 GH/IGF-1 通路影响的认识。在大西洋鲑中，高浓度皮质醇植入（40 μg/g，体重）的第 3 天，肝脏中的 *igfbp1b1* 和 *igfbp1b2* mRNA 水平显著升高（Breves 等，2020）。在尼罗罗非鱼中，通过腹腔注射的方式进行皮质醇处理可造成血浆 IGFBP 的快速增加和 IGF-1 的减少（Kajimura 等，2003）。以上研究表明，皮质醇可能通过调控 GH/IGF-1 通路影响鱼类的生长。

皮质醇会影响碳水化合物、蛋白质和脂肪的代谢。一般而言，在应激或者外源皮质醇处理下，鱼体血糖水平往往升高。造成血糖升高的原因可能为饲料中的糖类物质通过消化吸收进入血液，或者是由乳酸、氨基酸和甘油的肝糖异生增加造成的（Faught 和 Vijayan，2016）。高皮质醇条件下，血浆脂肪酸水平的增加可能有助于促进许多鱼类的代谢率增强（Mommsen 等，1999）。在黄颡鱼中，饲喂皮质醇第一周开始，鱼体肝糖原水平逐渐下降，血糖浓度开始升高，肝糖原的分解可能是造成血糖升高的原因（葛海燕，2007）。因此推测，皮质醇可能通过促进糖异生作用，加快组织蛋白和脂肪分解的方式对鱼体生长造成影响。

二、皮质醇、美替拉酮和米非司酮对性别的影响

在孵化后 50 d、70 d、90 d 和 120 d 时，每组分别随机取 30 尾、30 尾、30 尾、10 尾鱼，去除内脏，将含有性腺的躯干部分保存在 4%多聚甲醛中 24 h，后换液，至 75%无水乙醇中保存，用于性腺组织学切片的制备。在孵化后 150 d 时，每组随机取 30 尾鱼，去除内脏，取其性腺样本保存在 4%多聚甲醛中 24 h，后换液，至 75%无水乙醇中保存，用于性腺组织学切片的制备。取每条鱼的尾置于 1.5 mL 无菌无酶的离心管中，用于后续 DNA 的提取。对孵化后 125 d 和 150 d 用于性腺组织学观察的幼鱼对应的鱼鳍进行了基因组 DNA 的提取，其后进行 PCR 扩增、sanger 测序，以进行遗传性别鉴定。如果 *amhr2* 的 SNP 位点是杂合型，则对应个体为雄性。外显子 9 的 SNP 位点为 C/C，则遗传性别为雌性；当该位点为 C/G，则遗传性别为雄性。

在孵化后 50 d 时，对照组和 CR 处理组幼鱼性腺均处于未分化阶段（图 4-4A、图 4-5A、表 4-3）。在孵化后 70 d 时，对照组的 36 尾幼鱼中，有 13 尾幼鱼性腺仍处于未分化阶段（36.11%）；12 尾幼鱼性腺发育为精巢（33.33%），精巢中可见大量精原细胞（图 4-4B、表 4-3）；11 尾幼鱼性腺发育出卵巢腔（30.56%），产卵板外侧分布有卵原细胞（图 4-4C、表 4-3）。CR 处理组的 28 尾幼鱼中，9 尾幼鱼性腺处于未分化阶段（32.14%），17 尾幼鱼性腺发育为精巢（60.71%）（图 4-5B、表 4-3），精巢大小结构与对照

组精巢类似；2尾幼鱼性腺发育为卵巢（7.14%）（图4-5C、表4-3），卵巢组织大小结构与对照组卵巢类似。

在孵化后90 d时，对照组48尾幼鱼中性腺未分化的个体占比为20.83%，而CR处理组30尾幼鱼中性腺未分化的个体占比为60%，推测CR处理可能抑制了红鳍东方鲀幼鱼的性腺发育。对照组中性腺发育成精巢的个体占比为56.25%，精巢中精原细胞较多，存在精小囊结构，精巢体积较孵化后70 d时增长较大（图4-4D、表4-3）；CR处理组性腺发育为精巢的个体占比为33.3%，精巢结构与对照组精巢类似（图4-5D、表4-3）。对照组有11尾幼鱼性腺发育出卵巢腔（28.95%），卵巢中的产卵板清晰可见，产卵板中含有大量卵原细胞和少数卵母细胞（图4-4E、表4-3），而CR处理组的幼鱼的性腺均未发育出卵巢腔（0）。有趣的是，在CR处理组发现2尾幼鱼的性腺发育为兼性性腺，兼性性腺中可以观察到同时存在卵原细胞、卵母细胞以及精原细胞。

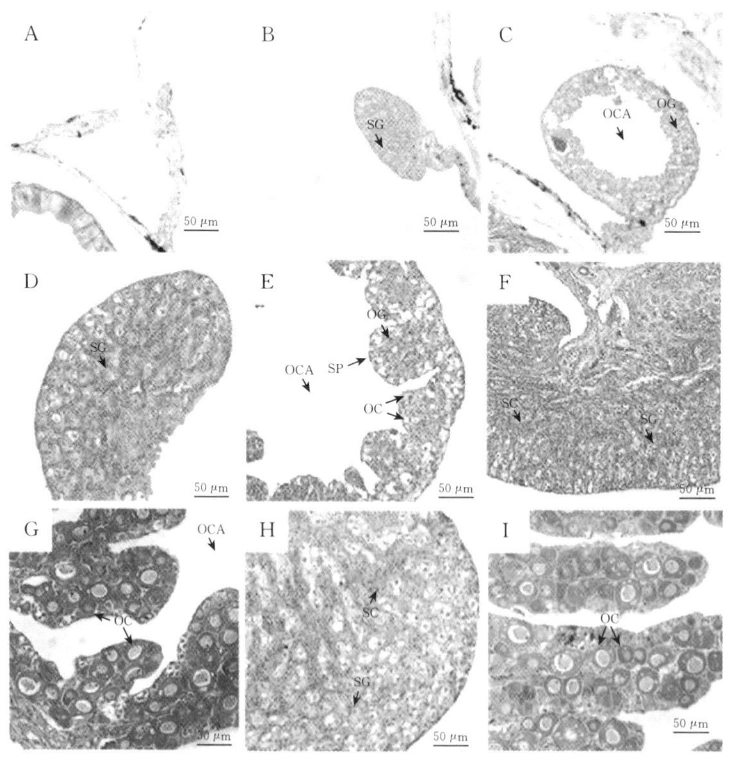

图4-4 对照组幼鱼性腺组织学观察

注：对照组孵化后50 d时的性腺（A），孵化后70 d精巢（B）和卵巢（C）；孵化后90 d的精巢（D）和卵巢（E）；孵化后120 d的精巢（F）和卵巢（G）；孵化后150 d的精巢（H）和卵巢（I）。OCA，卵巢腔；OC，卵母细胞；OG，卵原细胞；SC，精母细胞；SG，精原细胞；SP，产卵板

在孵化后 120 d 时，对照组 10 尾幼鱼性腺均已分化为精巢或者卵巢，具有精巢的个体占比与具有卵巢个体的占比一致，均为 50%；而 CR 处理组 10 尾幼鱼仍有 3 尾幼鱼的性腺未分化，再次表明 CR 处理抑制了红鳍东方鲀幼鱼的性别分化（表 4－3）。对照组精巢中出现精原细胞和精母细胞；精母细胞比精原细胞小，细胞质基本不着色，核仁较小，核染色较深（图 4－4F）；对照组幼鱼卵巢中含有大量的卵母细胞，此时的卵母细胞成卵圆形，卵母细胞核较大且明亮（图 4－4G）。CR 处理组幼鱼性腺发育为精巢的个体为 6 尾（60%），精巢结构与对照组精巢类似，但体积小于对照组（图 4－5F、表 4－3）。CR 处理组幼鱼性腺发育为兼性性腺的个体有 1 尾，兼性性腺中同时存在精原细胞、精母细胞、卵原细胞和卵母细胞（图 4－5G、表 4－3）。遗传性别鉴定

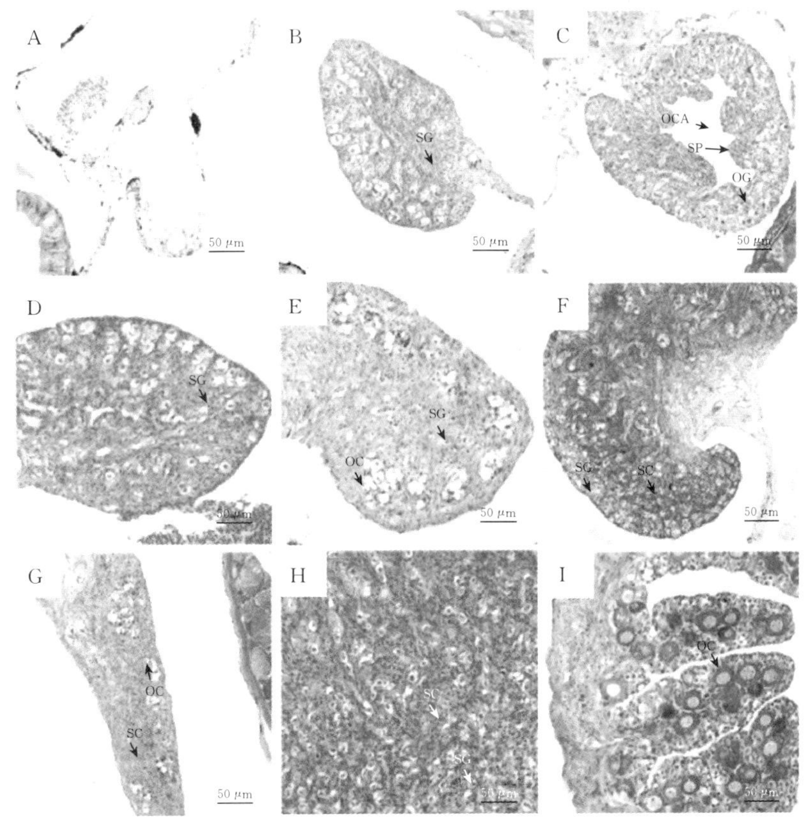

图 4－5　皮质醇处理组幼鱼性腺组织学观察

注：皮质醇处理组孵化后 50 d 时的性腺（A），孵化后 70 d 精巢（B）和卵巢（C），孵化后 90 d 的精巢（D）和兼型性腺（E），孵化后 120 d 的精巢（F）和兼型性腺（G），孵化后 150 d 的精巢（H）和卵巢（I）。OCA，卵巢腔；OC，卵母细胞；OG，卵原细胞；SC，精母细胞；SG，精原细胞；SP，产卵板

结果显示，对照组中幼鱼具有精巢的幼鱼遗传性别均为雄性，具有卵巢的幼鱼遗传性别均为雌性，未发生性别转变。CR 处理组中，3 尾性腺未分化幼鱼的遗传性别均为雄性；具有兼性性腺的 1 尾幼鱼的遗传性别为雌性；性腺发育为精巢的 6 尾鱼中，有 4 尾遗传性别为雌性，表明 CR 处理诱导了红鳍东方鲀遗传雌性幼鱼雄性化。

在孵化后 150 d 时，对照组的 29 尾幼鱼中，7 尾幼鱼的性腺发育为卵巢结构（24.14%），其余幼鱼的性腺发育为精巢结构（75.86%）（表 4－3）。该时期对照组精巢中的精原细胞和精母细胞清晰可见（图 4－4H）；卵巢较孵化后 120 d 时进一步增大，可见大量卵母细胞和少量卵原细胞（图 4－4I）。CR 处理组 27 尾幼鱼性腺发育为精巢的个体为 21 尾，占比为 77.78%，精巢结构与对照组精巢类似（图 4－5H）；CR 处理组幼鱼发育为卵巢的个体占比为 22.22%，卵巢结构与对照组卵巢类似（图 4－5I）。对对照组用于性腺组织学观察的所有幼鱼和 15 尾 CR 处理组幼鱼进行遗传性别鉴定。结果表明，对照组具有精巢的幼鱼遗传性别均为雄性，具有卵巢的幼鱼遗传性别均为雌性，表明对照组幼鱼未发生性别转变。而 CR 处理组中，遗传性别为雄性的 9 尾幼鱼性腺均为精巢；而遗传性别为雌性的 6 尾幼鱼中，有 3 尾鱼的性腺发育为卵巢，3 尾鱼的性腺发育为精巢，这表明 CR 处理造成了红鳍东方鲀遗传雌性幼鱼的雄性化。

表 4－3　不同组红鳍东方鲀表型性别比例

时期	组别	精巢	卵巢	未分化性腺	兼型性腺	卵巢比例（%）
50 dah	对照组	0	0	9	0	0
	CR 处理组	0	0	7	0	0
	MOP 处理组	0	0	10	0	0
	RU 处理组	0	0	6	0	0
70 dah	对照组	12	11	13	0	30.56
	CR 处理组	17	2	9	0	7.14
	MOP 处理组	17	5	7	0	17.24
	RU 处理组	42	0	8	0	0
90 dah	对照组	27	11	10	0	28.95
	CR 处理组	10	0	18	2	0
	MOP 处理组	11	3	11	0	12
	RU 处理组	35	0	13	0	0

（续）

时期	组别	精巢	卵巢	未分化性腺	兼型性腺	卵巢比例（%）
120 dah	对照组	5	5	0	0	50
	CR 处理组	6	0	3	1	0
	MOP 处理组	5	3	0	2	30
	RU 处理组	10	0	0	0	0
150 dah	对照组	22	7	0	0	24.14
	CR 处理组	21	6	0	0	22.22
	MOP 处理组	13	14	0	0	51.85
	RU 处理组	29	0	0	0	0

注：dah 为孵化后天数

在孵化后 50 d 时，MOP 处理组幼鱼性腺均处于未分化阶段，与对照组类似（图 4－6A）。在孵化后 70 d 时，MOP 处理组的 29 尾幼鱼中，性腺未分化、性腺发育为精巢、性腺发育出卵巢腔的个体占比分别为 24.14%、58.62%和 17.24%。MOP 处理组精巢与该时期对照组的精巢发育情况类似，卵巢与该时期对照组的卵巢发育情况类似（图 4－6B、C）。在孵化后 90 d 时，MOP 处理组中的 25 尾幼鱼中，有 11 尾幼鱼性腺处于未分化阶段（44%），11 尾幼鱼性腺发育为精巢（44%），3 尾性腺发育为卵巢（12%），性腺未分化幼鱼个体占比较同时期对照组性腺未分化幼鱼占比略高（表 4－3）。MOP 处理组精巢发育情况与该时期对照组精巢相似，卵巢发育情况与该时期对照组精巢也类似（图 4－6D、E）。在孵化后 120 d 时，MOP 处理组中的 10 尾幼鱼中，有 2 尾幼鱼性腺处于未分化状态，5 尾幼鱼性腺发育为精巢，3 尾幼鱼性腺发育为卵巢。MOP 处理组精巢发育异形（图 4－6F），且不同精巢发育程度不等，其中的 3 个精巢组织较对照组精巢组织体积较小；MOP 组卵巢组织结构与对照组卵巢结构类似（图 4－6G）。性别鉴定结果显示，性腺未分化的 2 尾幼鱼中，1 尾遗传性别为雌性，1 尾遗传性别为雄性；性腺发育为卵巢的 3 尾幼鱼的遗传性别均为雌性；而性腺发育为精巢的 5 尾幼鱼中，有 2 尾的遗传性别为雌性，3 尾鱼的遗传性别为雄性。以上研究表明，MOP 处理一定程度上造成了遗传雌性红鳍东方鲀幼鱼的雄性化。在孵化后 150 d 时，对照组中的 27 尾幼鱼中，有 13 尾幼鱼性腺发育为精巢（48.15%），14 尾幼鱼性腺发育为精巢卵巢（51.85%）（表 4－3）；该时期 MOP 处理组的精巢结构与对照组的精巢结构类似（图 4－6H），卵巢结构与对照组的卵巢结构类似（图 4－6I）。随即选择该时期用于性腺组织学观察的 16 尾 MOP 处理组的幼鱼进行了遗传性别鉴定，结果显示，性腺为卵巢的 9 尾幼鱼的遗传性别均为雌性；而性腺为精巢结构的

7 尾幼鱼中的 2 尾遗传性别为雌性，这表明 MOP 处理能够造成遗传雌性幼鱼的雄性化转变。

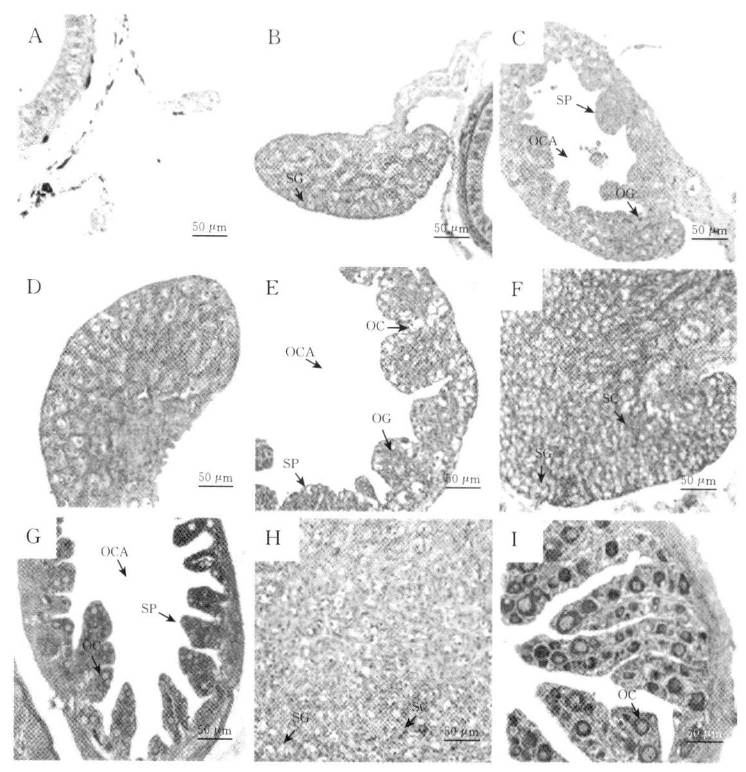

图 4－6　美替拉酮幼鱼性腺组织学观察

注：美替拉酮处理组孵化后 50 d 时的性腺（A），孵化后 70 d 精巢（B）和卵巢（C），孵化后 90 d 的精巢（D）和卵巢（E），孵化后 120 d 的精巢（F）和卵巢（G），孵化后 150 d 的精巢（H）和卵巢（I）。OCA，卵巢腔；OC，卵母细胞；OG，卵原细胞；SC，精母细胞；SG，精原细胞；SP，产卵板

组织学结果显示，孵化后 50 d 时，RU486 处理组幼鱼性腺均处于未分化阶段（图 4－7A、表 4－3）。孵化后 70 d 时，RU486 处理组幼鱼的性腺均未发育出卵巢腔，50 尾幼鱼中，有 42 尾幼鱼性腺发育为精巢，8 尾幼鱼性腺处于未分化阶段；RU486 处理组精巢结构与对照组精巢结构类似（图 4－7B、表 4－3）。孵化后 90 d 时也观察到同孵化后 70 d 时相类似的现象。RU486 处理组的 48 尾幼鱼中有 35 尾鱼性腺发育为精巢结构（72.92%），精巢结构与对照组精巢结构类似（图 4－7C）；未有幼鱼性腺发育出卵巢腔；其余 13 尾幼鱼的性腺均处于未分化阶段（27.08%）（表 4－3）。在孵化后 120 d 时，RU486 处理组的 10 尾幼鱼性腺均发育为与对照组相类似的精巢结构（图 4－7D、表 4－3），性别鉴定结果显示，其中 3 尾幼鱼的遗传性别为雌性，表明 RU486

诱导了遗传雌性红鳍东方鲀的雄性化。

在孵化后 150 d 时，RU486 处理组中的 29 尾幼鱼性腺均发育为精巢结构，精巢结构与对照组的类似（图 4－7E）。随机对其中的 10 尾鱼进行了遗传性别鉴定，结果显示，6 尾鱼的性腺发育为精巢，而遗传性别为雌性。以上结果表明，对性别分化时期的红鳍东方鲀幼鱼进行 RU486 处理，可造成 100％遗传雌性幼鱼的雄性化。

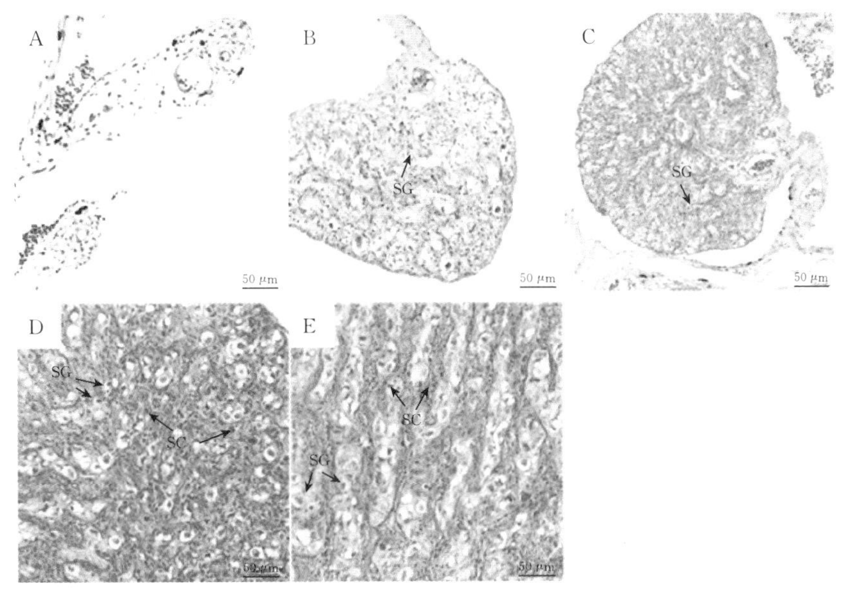

图 4－7　米非司酮组幼鱼性腺组织学观察

注：米非司酮处理组孵化后 50 d 时的性腺（A），孵化后 70 d 精巢（B），孵化后 90 d 的精巢（C），孵化后 120 d 的精巢（D），孵化后 150 d 的精巢（E）。SC，精母细胞；SG，精原细胞

综上，本部分研究对皮质醇、美替拉酮、米非司酮处理红鳍东方鲀幼鱼进行了性腺组织学观察和遗传性别鉴定。在停止处理后 60 d，即孵化后 150 d 时，对照组、皮质醇、美替拉酮、米非司酮处理组幼鱼的具有精巢的个体占比分别为 75.86％、77.78％、51.85％、100％；通过遗传性别鉴定发现，对照组幼鱼未发生性别反转，而皮质醇、美替拉酮和米非司酮处理组均有 XX 遗传型幼鱼发生了雄性化。

鱼类的性别分化具有可塑性，性腺分化关键时期的雌激素、雄激素等外源性类固醇水平决定了硬骨鱼未分化性腺发育的方向（Peferrer，2001；Guiguen 等，2010）。目前在养殖上，一些外源类固醇激素、类固醇合成抑制剂和类固醇受体拮抗剂等被广泛用于单性苗种的培育。例如，可以在性别分化期间，对脂鲤科（Characidae）、鲑科（Salmonidae）的一些种类进行 E_2 处理来实现雌性苗种的培育（Bjerregaard 等，2008；Bem 等，2012；Martinez - Bengochea 等，2020）。在脑中芳香化酶由 *cyp19a1b* 编码，在性腺中芳香化酶由 *cyp19a1a* 编码；芳香化酶可以将睾酮转化为 E_2 以维持卵巢功能（Ortega - Recalde 等，2020）。芳香化酶抑制剂（AI）处理可造成褐牙鲆（Kitano 等，2000）、欧洲舌齿鲈（Navarro - Martin 等，2009）和尼罗罗非鱼（Liu 等，2017）的雄性化。17α-甲基睾酮（MT）是一种广泛用于鱼类雄性化的人工雄激素（Abo - Al - Ela，2018；Pandian 和 Sheela，1995）。据报道，MT 处理对欧洲舌齿鲈（Blázquez 等，1995）、褐牙鲆（Kitano 等，2000）、斑马鱼（Örn 等，2003）、尼罗罗非鱼（Phelps 和 Okoko，2011）和鳜（*Siniperca chuatsi*）（Liu 等，2021）等的性别分化或发育产生影响。

除了性类固醇激素外，皮质醇处理也会影响到一些鱼类的性别分化，造成一些鱼类的雄性化转变（Hattori 等，2009；Yamaguchi 等，2010；Hattori 等，2020）。皮质醇是调控性别分化的关键因子，它可能通过传递外部环境信号来调控生殖（Goikoetxea 等，2017）。在红鳍东方鲀中，发现皮质醇处理可诱导其雄性化，关于皮质醇诱导鱼类雄性化的可能机制，到目前为止，研究人员认为皮质醇可能通过三种方式介导硬骨鱼类性别分化与性转变（Todd 等，2016；Goikoetxea 等，2017）：①通过 HPI 轴与下丘脑-垂体-性腺（hypothalamus - pituitary - gonadal，HPG）轴相互作用，调控鱼类的性别变化；②通过皮质醇和雄激素合成通路的交互作用，共同调控鱼类的性别变化；③皮质醇也可以通过控制鱼类性别相关基因的转录来调控鱼类性别变化过程。

HPG 和 HPI 轴的相互作用共同调控着鱼类的性别分化、发育和繁殖等重要的生理过程（Todd 等，2016）（图 4 - 8）。脑内一些神经递质通过影响体内皮质醇水平，间接调控着性别分化与性转变过程（Liu 等，2017）。参与 HPG 和 HPI 轴相互作用的神经递质包括去甲肾上腺素（norepinephrine，NE）、精氨酸催产素（arginine vasotocin，AVT）、多巴胺（dopamine，DA）、血清素（serotonin，5 - HT）、亲吻素（kisspeptin）和褪黑素（melatonin，MEL）。其中，NE 能影响促性腺激素释放激素（gonadotropin - releasing hormone，GnRH）的释放和促性腺激素（gonadotropins，GtHs）的产生（Yu 等，1991），并且对促肾上腺皮质激素释放因子（corticotropin - releasing factor，CRF）具有调控作用（Itoi 等，1999）。AVT 与哺乳动物精氨酸加压素（arginine vasopressin，AVP）同源，是研究鱼类行为以及性转变所关注的主要激素（Donaldson 和 Young，2008）。对于群居性雌雄同体的鱼类，一个社会群体中功能雄性死亡后，可能会使体型较大的雌鱼下丘脑当中的 AVT 和 NE 水平上升，造成雌鱼性转变为雄性（Godwin，2010）。这些快速的神经化学变化反过来也影响了 GnRH 和促黄体生成素（luteinizing hormones，LH）的释放，促进卵巢细胞凋亡并提高皮质醇水平（Godwin 和 Thomas，1993）。一般认为，脑中 NE 活动增加会导致血清皮质醇水平的快速上升，而 5－HT 的减少会消除 NE 对 AVT 信号的抑制，使鱼类在性腺改变的第一阶段维持高皮质醇水平（Liu 等，2017）。Kisspeptin 是一种下丘脑神经肽，研究人员发现，在雌性大鼠中，位于下丘脑的弓状核区的 kisspetin 细胞和糖皮质激素受体（glucocorticoid receptor，GR）共表达（Takumi 等，2012），推测 GR 是 HPI 和 HPG 轴间联系的纽带，环境信号因子能通过 HPI 轴作用于 GR 来影响 HPG 轴（张彦宇，2020）。MEL 对鱼类的昼夜节律、血压、季节性繁殖具有调控作用。研究发现，MEL 和 NE 能瞬时调节 GnRH 产生，以促进 LH 的生成，启动性转变（Alvarado 等，2015）。随后皮质醇和促性腺激素抑制激素（gonadotropin－inhibitory hormone，GnIH）增加，进而抑制 GnRH 和 GtHs 信号传导。在这些因素的共同作用下，血液中皮质醇水平增加。皮质醇通过抑制 E_2 合成所必需的 *cyp19a1a*（cytochrome P450，family 19，subfamily A，polypeptide 1a）基因转录，来调控 E_2 的合成和雌性相关基因的表达，导致卵巢退变为精巢（Liu 等，2017；Goikortxea 等，2017）。

与哺乳动物不同的是，硬骨鱼类最主要的雄激素不是睾酮（testosterone），而是 11－KT。研究发现，11－KT 的合成和皮质醇的合成、代谢过程之间存在交互关系，两过程均有 11β－羟化酶（11β－hydroxylase，Cyp11b）和 11β－羟基类固醇脱氢酶（11β－hydroxysteroid dehydrogenase，Hsd11b）参与催化（图 4－9）。睾酮在 Cyp11b 的催化下转化为 11β－羟基睾酮（11β－OH－testosterone），后 11β－羟基睾酮在 Hsd11b 催化下转化为 11－KT（Goikoetxea 等，2017；Frisch，2005；Tokarz 等，2015）。同样的，11－脱氧皮质醇（11－Deoxycortisol）在 Cyp11b 的催化下转化为皮质醇，后皮质醇在 Hsd11b 的催化下代谢为可的松（Fernandino 等，2012；Goikoetxea 等，2017）。皮质醇也可通过调节编码 Hsd11b 的 *hsd11b2*（hydroxysteroid 11－beta dehydrogenase 2）基因的表达，调控鱼类 11－KT 的生成，进而影响鱼类性别分化与性转变。有研究发现，在皮质醇诱导博纳里牙汉鱼雄性化的过程中，*hsd11b2* 表达上调。有趣的是，睾酮和 11－KT 的升高要先于 *cyp19a1a* 表达量的下降（Fernandino 等，2012）。对斜带石斑鱼的研究中也发现了类似的现象，腹腔注射皮质醇（每千克体重 50 mg）能够使 *hsd11b2* 表达迅速上调，11－KT 水平随之升高，编码 Cyp11b 的 *cyp11b2*（cytochrome P450 family 11 subfamily B member 2）基因的上调和 *cyp19a1a* 的下调均发生在 11－KT 升高之后（Chen 等，2020）。由此推测，在一些鱼类性别分化与性转变的过程中，皮质醇可通过直接调控雄激素合成相关基因表达的方式来提高 11－KT 水平，进而激活雄性化通路。在雄性通路被激活后，雌激素合成相关的通路则被抑制。

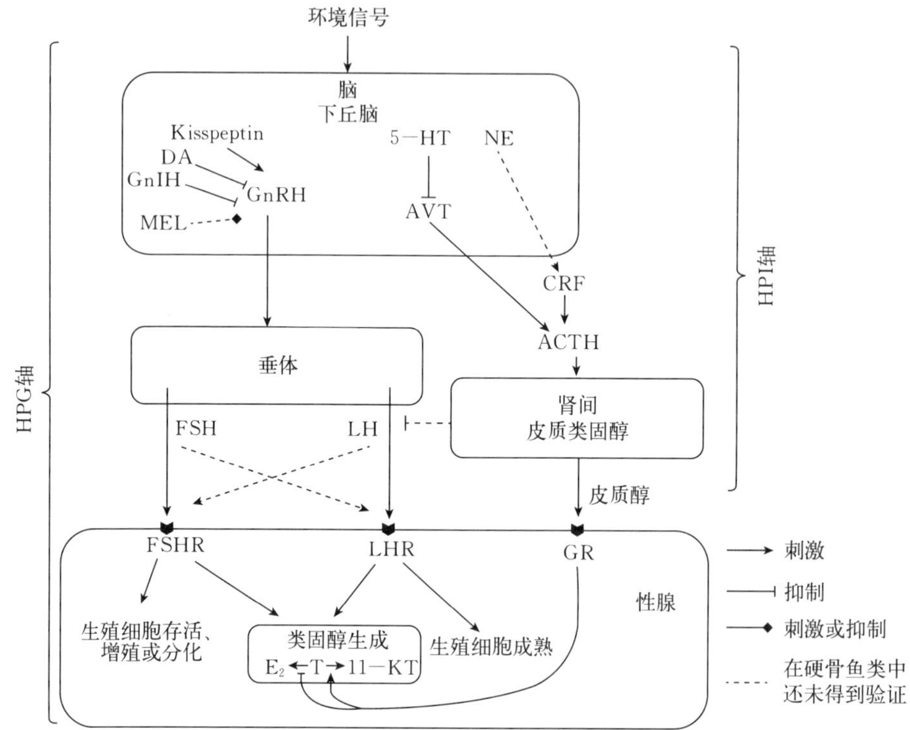

图 4-8 下丘脑-垂体-性腺轴与下丘脑-垂体-肾间组织轴的关系
（引自 Goikoetxea 等，2017）

注：ACTH 代表促肾上腺皮质激素；AVT 代表精氨酸催产素；CRF 代表促肾上腺皮质激素的释放因子；DA 代表多巴胺；E_2 代表 17β-雌二醇；FSH 代表促卵泡激素；FSHR 代表促卵泡激素受体；GnIH 代表促性腺激素抑制激素；GnRH 代表促性腺激素释放激素；GR 代表皮质醇激素受体；Kisspeptin 代表亲吻素；LH 代表促黄体生成素；LHR 代表促黄体生成素受体；MEL 代表褪黑素；NE 代表去甲肾上腺素促卵泡激素受体；T 代表睾酮；5-HT 代表血清素；11-KT 代表 11-酮基睾酮

皮质醇可通过先与糖皮质激素受体结合，再与应答基因启动子区域内的糖皮质激素反应元件（glucocorticoid response elements，GRE）结合，从而直接控制性别相关靶基因转录来调控鱼类性别转变。一些硬骨鱼类的 *cyp19a1a*、*fshr*（follicle stimulating hormone receptor）和 *dmrt1*（double-sex and mab-3-related transcription factor 1）基因启动子区域存在 GRE（Hayashi 等，2010；Gardner 等，2005；Adolfi 等，2019），皮质醇—糖皮质激素受体复合物能通过与这些基因上的 GRE 作用，对鱼类性别开展调控。除此之外，皮质醇还能通过其他未知方式调控性别相关基因的转录。尽管在鱼类的 *amh*（anti-Müllerian hormone）基因上未发现 GRE，但皮质醇却可以通过调控 *amh* 表达影响鱼类性别。

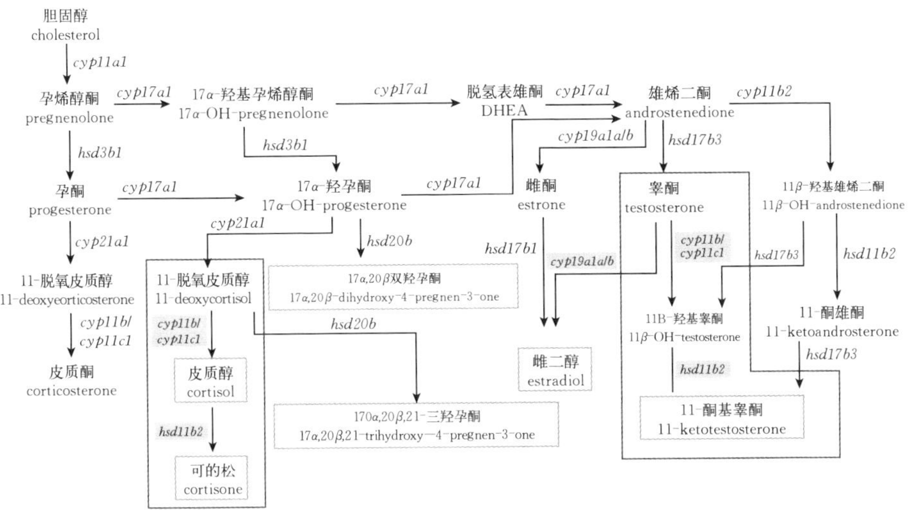

图 4-9　硬骨鱼类类固醇激素合成示意（引自 Tokarz 等，2015；Goikoetxe 等，2017）
DHEA：dehydroepiandrosterone；OH：hydoxy

在鱼类中，睾酮是 E_2 合成的原料（Devlin 和 Nagahama，2002）。睾酮可以在性腺芳香化酶 P450aromA（由 *cyp19a1a* 编码）和脑芳香化酶 P450aromB（由 *cyp19a1b* 编码）的作用下，转化为 E_2。*cyp19a1a* 的下调可启动鱼类雌性向雄性转变。有研究发现，皮质醇-糖皮质激素受体复合物能通过与 *cyp19a1a* 的启动子区域 GRE 结合，抑制 *cyp19a1a* 的表达，进而阻碍 E_2 产生，造成睾酮在未分化的性腺中积累（Geffroy 和 Wedekind，2020）。对处于性别分化过程中的青鳉进行皮质醇处理发现，皮质醇通过抑制 *cyp19a1a* 的表达来阻碍 E_2 合成，进而阻碍性腺向卵巢分化（向家志等，2021）。在对褐牙鲆体外试验中发现，皮质醇通过与 *cyp19a1a* 启动子区域的 GRE 结合，直接抑制该基因转录（Yamaguchi 和 Kitano，2012）。此外，在条纹锯鮨（Miller 等，2019）、宽纹叶虾虎鱼（*Gobiodon histrio*）（Gardner 等，2005）的 *cyp19a1a* 上也发现了 GRE。

除了 *cyp19a1a*，在青鳉的 *fshr*、*dmrt1* 启动子区域也发现了 GRE 序列，皮质醇可能通过作用于这两个基因对性别分化产生影响。促卵泡激素（follicle-stimulating-hormone，FSH）是一种促性腺激素，通过与促卵泡激素受体（follicle-stimulating hormone receptor，FSHR）结合发挥作用。FSH 与鱼类的性别分化相关，对性别分化期间的斜带石斑鱼进行 FSH 注射可加速性腺分化和发育，但长时间的 FSH 注射会诱导性腺向雄性分化（黄敏伟，2019）。在对青鳉的研究中发现，高温（33 ℃）诱导青鳉雄性化可能是由皮质醇介导的，皮质醇-糖皮质激素受体复合物通过与负责编码 FSHR 的 *fshr* 启动子区域的 GRE 结合发挥作用，导致雌雄激素失衡，产生雄性化（Geffroy 和 Wedekind，2020）。

Dmrt1 在鱼类精巢分化中具有重要的作用。青鳉性别决定基因 *dmrt1bY*，是由位于常染色体的 *dmrt1* 经复制、转座到 Y 染色体形成的，是调控青鳉精巢发育的主导因子。最近，Adolfi 等（2019）在对皮质醇诱导青鳉雄性化机制的研究中发现，青鳉常染色体 *dmrt1* 启动子区域存在 GRE，推测在青鳉幼鱼早期发育阶段，皮质醇激活了 *dmrt1*，使 *dmrt1* 接管雄性决定基因 *dmrt1bY*，造成基因型为雌性的幼鱼的雄性命运。

在哺乳动物胚胎形成时期，抗苗勒氏管激素（anti - Müllerian hormone）通过与受体（anti - Müllerian hormone receptor type 2）结合，阻碍苗勒氏管发育为子宫和输卵管（Mazen 等，2017）。硬骨鱼（除鲟外）没有抗苗勒氏管，但在性腺体细胞中仍能检测到抗苗勒氏管激素 *amh* 的表达（高长富等，2016）。在硬骨鱼（除青鳉外）中，*amh* 参与雄性的性别分化和雌性的卵泡发育，且表达具有性别差异性，雄性生殖腺中 *amh* 的表达水平普遍较高（Kluver 等，2007）。*Amh* 主要作用于精巢分化的早期阶段，通过抑制性腺中生殖细胞增殖和类固醇生成以促使鱼体雄性化（Todd 等，2016）。尽管未在硬骨鱼类的 *amh* 上发现 GRE 结合位点，但研究发现高皮质醇水平能造成一些鱼类性腺中 *amh* 转录水平上调，如在博纳里牙汉鱼（Hattori 等，2009）、斜带石斑鱼（Chen 等，2020）及新西兰背唇隆头鱼（*Notolabrus celidotus*）（Goikoetxea 等，2022）等。

性腺中生殖细胞与体细胞的数量比例与鱼类的性别分化也相关，生殖细胞缺失能够造成雌鱼的雄性化，性腺生殖细胞过量则会激活雌性相关通路（Goikoetxea 等，2017）。在性别决定期间，环境压力造成了一些鱼类皮质醇水平上升，随后皮质醇可以通过上调 *amh* 的表达来抑制雌性性腺中生殖细胞增殖，最后造成雄性化转变（Pfennig 等，2015）。Goos 和 Gonsten（2002）发现哺乳动物精巢的生殖细胞上存在 GR，这有助于揭示皮质醇作用于生殖细胞的可能途径，但目前在鱼类的生殖细胞中还未发现 GR。有学者认为，*amh* 可能是 *cyp19a1a* 的抑制因子，在斑马鱼中，高水平的 *amh* 往往伴随着低水平的 *cyp19a1a*（Wang 等，2007），如高温条件下（36 ℃），尼罗罗非鱼中 *amh* 表达水平迅速升高，后 *cyp19a1a* 的表达下降（Poonlaphdecha 等，2013）。因此推测，高皮质醇水平可能通过上调 *amh* 抑制 *cyp19a1a* 表达或激活雄性特异性表达途径，促进一些鱼类的雄性化转变。

美替拉酮是一种皮质醇合成抑制剂，美替拉酮可通过抑制 11β - 羟化酶（11β - hydroxylase，Cyp11b）的产生，进而抑制皮质醇合成的最后一步

(Chart 等，1958；Sampath - Kumar 等，1997)。有研究表明，美替拉酮可缓解热压力或外源皮质醇处理造成的雄性化（Ribas 等，2017；Yamaguchi 等，2010；Hayashi 等，2010)。在本研究中，尽管美替拉酮处理组具有精巢和卵巢的个体比例接近 1∶1，但是仍存在雄性化。在妇女进行美替拉酮治疗的过程中发现雄激素水平升高了（Cunningham 等，1988)。推测这可能是由于美替拉酮刺激促进素合成，造成鱼体雄激素升高（Fernandino 等，2012)。目前，相关的研究还较少，需要进一步的研究来探究美替拉酮影响鱼类性别分化的作用途径。

在红鳍东方鲀中，米非司酮处理诱导了幼鱼群体的 100％雄性化。在条纹锯鮨和尼罗罗非鱼的研究中，也发现米非司酮处理可以诱导幼鱼的雄性化（Miller 等，2019；Zhou 等，2016)。自孵化后 5 d 饲喂米非司酮（每克饲料中 500 μg）至孵化后 120 d，可造成遗传性别为雌性的尼罗罗非鱼的卵子发生受阻和体细胞雄性化，同时造成 73.3％的 XX 幼鱼雄性化和 16.7％的 XX 个体性腺转变为精巢（Zhou 等，2016)。条纹锯鮨性别分化早期，进行 RU486 饲喂处理（每千克饲料中 6.25 mg）可造成具有精巢（50.9±10.4)％和兼型性腺（32.0±5.4)％幼鱼个体比例的再增加（Miller 等，2019)。一般来说，米非司酮处理会造成下丘脑-垂体-肾间腺轴的负反馈，导致皮质醇分泌的增加，而皮质醇的增加可能是促进雄性化的重要因素（Gallagher 等，2008；Cadepond 等，1997)。然而，米非司酮也被证明可以回救由环境干扰引起的遗传雌性鱼的雄性化（Fernandino 等，2012)。例如，在青鳉中，于孵化后 2 h 至孵化后 5 d，1 000 nmol/L 米非司酮的浸浴处理可显著降低由热处理或皮质醇处理诱导的胚胎雌性向雄性的性别转变（Castañeda - Cortés 等，2023)。因此推测，米非司酮诱导的雄性化具有浓度依赖性和物种特异性。

与雌激素受体（ER）和雄激素受体（AR）的结合分别代表雌激素诱导的雌性化和雄激素诱导的雄性化的起始阶段（Browne 等，2017；Long 等，2023)。米非司酮是一种多样化的内分泌干扰物，有研究报道米非司酮处理可导致一些激素通路相关基因（如 *AR*、*PGR* 和 *ER* 等）的表达发生变化（Blüthgen 等，2013；Narvekar 等，2004；Slayden 等，2001；Sun 等，2018；Zucchi 等，2012)。例如，在人类类固醇受体的体外重组酵母试验表明，米非司酮具有抗雌激素和抗孕激素特性，并可作为 AR 的激动剂（Blüthgen 等，2013)。在人类中，米非司酮处理可下调 *PGR* 和 *ER* 在女性子宫内膜腺体、表面上皮和间质中的表达，上调 *AR* 的表达（Narvekar 等，2004)。此外，RU486 被证明可以上调恒河猴（*Macaca mulatta*）子宫内膜中 *AR* 的表达（Slayden 等，2001)。在尼罗罗非鱼中，从孵化后 5～20 d 饲喂米非司酮上调了 XX 幼鱼性腺中 *AR* mRNA 的表达（Sun 等，2018)。在斑马鱼中，米非司酮（2 ng/L、20 ng/L 和 200 ng/L）浸浴处理可以导致 *PGR* 的下调和 *AR* 的上调（Zucchi 等，2012）。综上所述，这些研究表明 RU486 可能具有潜在的雄激素激活和抗孕激素活性。这可能与红鳍东方鲀的雄性化相关。

三、皮质醇、美替拉酮和米非司酮对性别分化相关基因表达的影响

在孵化后 50 d、70 d 和 90 d 三个取样时期，每组随机选择 100 尾鱼，取其性腺组织，分别放于装有 100 μL RNAlater 试剂（Thermo Fisher Scientific，Baltics，Vilnius，Lithuania）的 1.5 mL 无菌无酶的离心管中，迅速置于液氮中冷冻，后置于−80 ℃冰箱中保存，用于后续的 RNA 提取。取每条鱼尾鳍置于 1.5 mL 无菌无酶的离心管中，用于后续的遗传性别鉴定，遗传性别鉴定方法同前所述。将每组中遗传性别相同的 5 尾鱼的性腺组织分别收集于一个 1.5 mL 无菌无酶的离心管中，用于 RNA 的提取。参照 QIAGEN miRNAeasy Mini Kit 试剂盒的说明书，在超净工作台中，进行了 RNA 的提取。对各组幼鱼性腺在孵化后 50 d、70 d 和 90 d 时，6 个性别分化相关的基因（*cyp19a1a*、*foxl2*、*dmrt1*、*gsdf*、*cyp11c1* 和 *dmrt3*）进行了表达量的测定，以 *ef1α* 作为内参基因。引物序列见表 4－4。

表 4－4　用于 6 个性别分化相关基因表达量测定的引物序列

基因名称	引物	引物序列	产物长度（bp）
ef1α	Forward	AGGAGGGCAATGCTAGTGG	204
	Reverse	TGGTCAGGTTGACGGGAG	
cyp19a1a	Forward	ATTCACCAGAAGCACAAGACG	118
	Reverse	CAGTGAAGTTGATGTTCTCCAGT	
dmrt1	Forward	ATGGTTACCTCCGATCTGCAC	125
	Reverse	AACTTGGAGTTCCTTCCCATG	
dmrt3	Forward	AGCGACAGAGAGCAGGATGTC	139
	Reverse	GTTGCTTCTCACTGTTGTCGG	
gsdf	Forward	TCTTATGTCTGCTGTGTTTCCTC	147
	Reverse	TTACAGGGCTCTTGTAATTTGTG	
foxl2	Forward	GTATCAGGCACAACCTGAGTCTC	125
	Reverse	GTTGCCCTTCTCAAACATATCCT	
cyp11c1	Forward	TTTACCCTCTGGGAAGGAGTG	189
	Reverse	TGAGCAGCAGTTGCATCTCA	

如前所述，基于 $2^{-\Delta\Delta Ct}$法，得到内参基因与性别相关基因表达水平的倍数

变化关系，以评估所选基因的相对丰度。运用 IBM SPSS 22.0（IBM，美国）分别进行单因素方差分析，使用 Dancan's 多重检验法分析显著性差异，显著性设定为 $P<0.05$。

（一）皮质醇处理后性别分化相关基因表达的变化规律

图 4-10 为各基因表达变化的结果。

cyp19a1a：在孵化后 50 d、70 d 和 90 d 时，对照组遗传雌性幼鱼（C-XX）性腺中的 *cyp19a1a* 的表达量均显著高于在对照组遗传雄性幼鱼（C-XY）性腺中的表达量（$P<0.05$）。CR 处理组遗传雌性幼鱼（CR-XX）性腺中 *cyp19a1a* 的表达量在这三个取样时期也均高于 CR 处理组遗传雄性幼鱼（CR-XY）性腺中的表达量（$P<0.05$）。在孵化后 50 d 和 70 d 时，C-XX 性腺中 *cyp19a1a* 的表达量与 CR-XX 性腺中的表达量无显著差异（$P>0.05$）；C-XY 性腺中 *cyp19a1a* 的表达量与 CR-XY 性腺中的表达量无显著差异（$P>0.05$）。在孵化后 90 d 时，CR-XX 性腺中 *cyp19a1a* 的表达量显著高于 C-XX 性腺中的表达量（$P<0.05$）；而 CR-XY 性腺中 *cyp19a1a* 的表达量与 C-XY 性腺中的表达量无显著差异（$P>0.05$）。

foxl2：在孵化后 50 d 时，C-XX 性腺中的 *foxl2* 表达量与 C-XY 性腺中的表达量无显著差异（$P>0.05$）；在孵化后 70 d 和 90 d 时，C-XX 性腺中的 *foxl2* 的表达量均显著高于 C-XY 性腺中的表达量（$P<0.05$）。在孵化后 50 d，CR-XX 性腺中 *foxl2* 的表达量显著高于 CR-XY 性腺中的表达量（$P<0.05$）；但在孵化后 70 d 和 90 d 时，CR-XX 性腺中 *foxl2* 的表达量与 CR-XY 性腺中的表达量无显著差异（$P>0.05$）。在孵化后 50 d 时，CR-XX 性腺中 *foxl2* 的表达量显著高于 C-XX 性腺中的表达量（$P<0.05$），CR-XY 性腺中 *foxl2* 的表达量与 C-XY 性腺中的表达量无显著差异（$P>0.05$）；在孵化后 70 d 时，CR-XX 性腺中 *foxl2* 的表达量显著低于 C-XX 性腺中的表达量（$P<0.05$），CR-XY 性腺中 *foxl2* 的表达量显著低于 C-XY 性腺中的表达量（$P<0.05$）；在孵化后 90 d 时，CR-XX 性腺中 *foxl2* 的表达量显著低于 C-XX 性腺中的表达量（$P<0.05$），CR-XY 性腺中 *foxl2* 的表达量显著高于 C-XY 性腺中的表达量（$P<0.05$）。

gsdf：在孵化后 50 d、70 d、90 d 时，C-XX 性腺中的 *gsdf* 的表达量均显著低于 C-XY 性腺中的表达量（$P<0.05$）。在这 3 个时期，CR-XX 性腺中的 *gsdf* 的表达量也均显著低于 CR-XY 性腺中的表达量（$P<0.05$）。在孵化后 50 d 时，CR-XX 性腺中 *gsdf* 的表达量与 C-XX 性腺中的表达量无显著差异（$P>0.05$），CR-XY 性腺中 *gsdf* 的表达量与 C-XY 性腺中的表达量无显著差异（$P>0.05$）；在孵化后 70 d 时，CR-XX 性腺中的 *gsdf* 的表达量显著高于 C-XX 性腺中的表达量（$P<0.05$），CR-XY 性腺中的 *gsdf* 的

表达量显著高于 C－XY 性腺中的表达量（$P<0.05$）；在孵化后 90 d 时，CR－XX性腺中的 *gsdf* 的表达量均显著高于 C－XX 性腺中的表达量（$P<0.05$），CR－XY 性腺中 *gsdf* 的表达量与 C－XY 性腺中的表达量无显著差异（$P>0.05$）。

dmrt1：在孵化后 50 d、70 d、90 d 时，C－XX 性腺中的 *dmrt1* 的表达量均显著低于 C－XY 性腺中的表达量（$P<0.05$）。在孵化后 50 d 和 90 d 时，CR－XX 性腺中 *dmrt1* 的表达量与 CR－XY 性腺中的表达量无显著差异（$P>0.05$）；在孵化后 70 d 时，CR－XX 性腺中 *dmrt1* 的表达量显著低于在 CR－XY 性腺中的表达量（$P<0.05$）。在孵化后 50 d 时，CR－XX 性腺中的 *dmrt1* 的表达量显著高于 C－XX 性腺中的表达量（$P<0.05$），CR－XY 性腺中的 *dmrt1* 的表达量显著低于 C－XY 性腺中的表达量（$P<0.05$）；在孵化后 70 d 时，CR－XX 性腺中 *dmrt1* 的表达量与 C－XX 性腺中的表达量无显著差异（$P>0.05$），CR－XY 性腺中 *dmrt1* 的表达量显著高于 C－XY 性腺中的表达量（$P<0.05$）；在孵化后 90 d 时，CR－XX 性腺中的 *dmrt1* 的表达量显著高于 C－XX 性腺中的表达量（$P<0.05$），CR－XY 性腺中的 *dmrt1* 的表达量显著高于 C－XY 性腺中的表达量（$P<0.05$）。

cyp11c1：在孵化后 50 d 时，C－XX 性腺中的 *cyp11c1* 表达量与 C－XY 性腺中的表达量无显著差异（$P>0.05$）；在孵化后 70 d 和 90 d 时，C－XX 性腺中的 *cyp11c1* 的表达量均显著低于 C－XY 性腺中的表达量（$P<0.05$）。在孵化后 50 d 和 70 d 时，CR－XX 性腺中的 *cyp11c1* 表达量与 CR－XY 性腺中的表达量均无显著差异（$P>0.05$）；在孵化后 90 d 时，CR－XX 性腺中的 *cyp11c1* 的表达量均显著低于 CR－XY 性腺中的表达量（$P<0.05$）。在孵化后 50 d 时，CR－XX 性腺中 *cyp11c1* 的表达量与 C－XX 性腺中的表达量无显著差异（$P>0.05$），CR－XY 性腺中 *cyp11c1* 的表达量与 C－XY 性腺中的表达量无显著差异（$P>0.05$）；在孵化后 70 d 和 90 d 时，CR－XX 性腺中 *cyp11c1* 的表达量与 C－XX 性腺中的表达量均无显著差异（$P>0.05$），CR－XY 性腺中的 *cyp11c1* 的表达量均显著低于 C－XY 性腺中的表达量（$P<0.05$）。

dmrt3：在孵化后 50 d 时，C－XX 性腺中的 *dmrt3* 的表达量与 C－XY 性腺中的表达量无显著差异（$P>0.05$）；在孵化后 70 d 和 90 d 时，C－XX 性腺中的 *dmrt3* 的表达量均显著低于 C－XY 性腺中的表达量（$P<0.05$）。在孵化后 50 d 和 70 d 时，CR－XX 性腺中的 *dmrt3* 的表达量与 CR－XY 性腺中的表达量无显著差异（$P>0.05$）；在孵化后 90 d 时，CR－XX 性腺中的 *dmrt3* 的表达量显著低于 CR－XY 性腺中的表达量（$P<0.05$）。在孵化后 50 d 时，CR－XX 性腺中 *dmrt3* 的表达量显著高于 C－XX 性腺中的表达量（$P<0.05$），CR－XY 性腺中的 *dmrt3* 的表达量与 C－XY 性腺中的表达量无显著差异（$P>0.05$）。

在孵化后 70 d 时，CR－XX 性腺中 *dmrt3* 的表达量显著低于 C－XX 性腺中的表达量（$P<0.05$），CR－XY 性腺中 *dmrt3* 的表达量显著低于 C－XY 性腺中的表达量（$P<0.05$）。在孵化后 90 d 时，CR－XX 性腺中的 *dmrt3* 的表达量与 C－XX 性腺中的表达量无显著差异（$P>0.05$），CR－XY 性腺中 *dmrt3* 的表达量显著高于 C－XY 性腺中的表达量（$P<0.05$）。

（二）美替拉酮处理对幼鱼性腺中性别分化相关基因的影响

cyp19a1a：在孵化后 50 d、70 d 和 90 d 时，C－XX 性腺中的 *cyp19a1a* 的表达量均显著高于在 C－XY 性腺中的表达量（$P<0.05$）（图 4－11）。MOP 处理组遗传雌性幼鱼（MOP－XX）性腺中的 *cyp19a1a* 的表达量均显著高于在 MOP 处理组遗传雄性幼鱼（MOP－XY）性腺中的表达量（$P<0.05$）。在孵化后 50 d 时，MOP－XX 性腺中的 *cyp19a1a* 的表达量与 C－XX 性腺中的表达量无显著差异（$P>0.05$），MOP－XY 性腺中的 *cyp19a1a* 的表达量与C－XY 性腺中的表达量无显著差异（$P>0.05$）；在孵化后 70 d 时，MOP－XX 性腺中的 *cyp19a1a* 的表达量均显著高于在 C－XX 性腺中的表达量（$P<0.05$），MOP－XY 性腺中的 *cyp19a1a* 的表达量与 C－XY 性腺中的表达量无显著差异（$P>0.05$）；在孵化后 90 d 时，MOP－XX 性腺中的 *cyp19a1a* 的表达量均显著低于在 C－XX 性腺中的表达量，MOP－XY 性腺中的 *cyp19a1a* 的表达量均显著高于在 C－XY 性腺中的表达量（$P<0.05$）。

foxl2：在孵化后 50 d 时，C－XX 性腺中的 *foxl2* 表达量与 C－XY 性腺中的表达量无显著差异（$P>0.05$）；在孵化后 70 d 和 90 d 时，C－XX 性腺中的 *foxl2* 的表达量均显著高于 C－XY 性腺中的表达量（$P<0.05$）。在孵化后 50 d 时，MOP－XX 性腺中 *foxl2* 的表达量显著高于 MOP－XY 性腺中的（$P<0.05$）；但在孵化后 70 d 和 90 d 时，MOP－XX 性腺中 *foxl2* 的表达量与 MOP－XY 性腺中的无显著差异（$P>0.05$）。在孵化后 50 d 时，MOP－XX 性腺中 *foxl2* 的表达量显著高于 C－XX 性腺中的表达量（$P<0.05$），MOP－XY 性腺中 *foxl2* 的表达量与 C－XY 性腺中的无显著差异（$P>0.05$）。在孵化后 70 d 时，MOP－XX 性腺中 *foxl2* 的表达量与 C－XX 性腺中的表达量无显著差异（$P>0.05$），MOP－XY 性腺中 *foxl2* 的表达量显著高于 C－XY 性腺中的表达量（$P<0.05$）。在孵化后 90 d 时，MOP－XX 性腺中 *foxl2* 的表达量显著低于 C－XX 性腺中的表达量（$P<0.05$），MOP－XY 性腺中 *foxl2* 的表达量显著高于 C－XY 性腺中的表达量（$P<0.05$）。

gsdf：在孵化后 50 d、70 d 和 90 d 时，C－XX 性腺中的 *gsdf* 的表达量均显著低于在 C－XY 性腺中的表达量（$P<0.05$）。在孵化后 50 d 时，MOP－XX 性腺中的 *gsdf* 的表达量显著低于在 MOP－XY 性腺中的表达量（$P<0.05$）；但在孵化后 70 d 和 90 d 时，MOP－XX 性腺中 *gsdf* 的表达量与 MOP－XY 性腺中

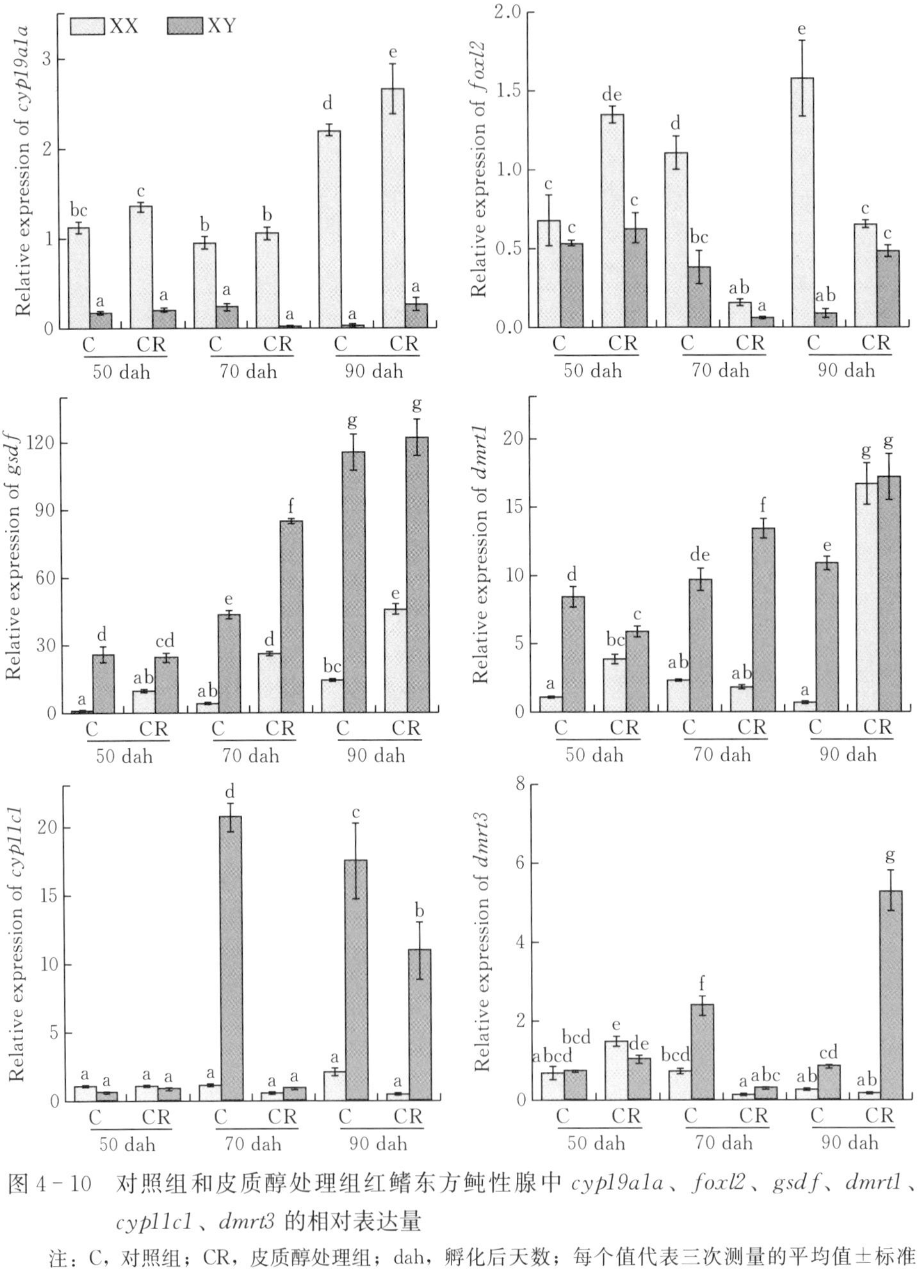

图 4-10　对照组和皮质醇处理组红鳍东方鲀性腺中 *cyp19a1a*、*foxl2*、*gsdf*、*dmrt1*、*cyp11c1*、*dmrt3* 的相对表达量

注：C，对照组；CR，皮质醇处理组；dah，孵化后天数；每个值代表三次测量的平均值±标准差，不同小写字母表示每个处理之间的显著差异（one-way ANOVA，$P<0.05$）

的表达量无显著差异（$P>0.05$）。在孵化后 50 d 时，MOP-XX 性腺中 *gsdf* 的表达量与 C-XX 性腺中的表达量无显著差异（$P>0.05$），MOP-XY 性腺中

的 *gsdf* 的表达量显著高于在 C－XY 性腺中的表达量（$P<0.05$）；在孵化后 70 d 时，MOP－XX 性腺中 *gsdf* 的表达量与 C－XX 性腺中的表达量无显著差异（$P>0.05$），MOP－XY 性腺中的 *gsdf* 的表达量显著低于在 C－XY 性腺中的表达量（$P<0.05$）；在孵化后 90 d 时，MOP－XX 性腺中的 *gsdf* 的表达量显著高于在 C－XX 性腺中的表达量（$P<0.05$），MOP－XY 性腺中的 *gsdf* 的表达量显著低于在 C－XY 性腺中的表达量（$P<0.05$）。

dmrt1：在孵化后 50 d、70 d 和 90 d 时，C－XX 性腺中的 *dmrt1* 的表达量均显著低于在 C－XY 性腺中的表达量（$P<0.05$）；MOP－XX 性腺中的 *dmrt1* 的表达量均显著低于在 MOP－XY 性腺中的表达量（$P<0.05$）。在孵化后 50 d 时，MOP－XX 性腺中表达量显著高于在 C－XX 性腺中的表达量（$P<0.05$），MOP－XY 性腺中 *dmrt1* 的表达量与 C－XY 性腺中的表达量无显著差异（$P>0.05$）；在孵化后 70 d 时，MOP－XX 性腺中 *dmrt1* 的表达量与 C－XX 性腺中的表达量无显著差异（$P>0.05$），MOP－XY 性腺中 *dmrt1* 的表达量显著低于在 C－YX 性腺中的表达量（$P<0.05$）；在孵化后 90 d 时，MOP－XX 性腺中表达量显著高于在 C－XX 性腺中的表达量（$P<0.05$），MOP－XY 性腺中表达量显著高于在 C－XY 性腺中的表达量（$P<0.05$）。

cyp11c1：在孵化后 50 d 时，C－XX 性腺中的 *cyp11c1* 表达量与 C－XY 性腺中的表达量无显著差异（$P>0.05$）；在孵化后 70 d 和 90 d 时，C－XX 性腺中的 *cyp11c1* 的表达量均显著低于 C－XY 性腺中的表达量（$P<0.05$）。在孵化后 50 d 时，MOP－XX 性腺中的 *cyp11c1* 表达量与 MOP－XY 性腺中的表达量无显著差异（$P>0.05$）；在孵化后 70 d 和 90 d 时，MOP－XX 性腺中的 *cyp11c1* 的表达量均显著低于 MOP－XY 性腺中的表达量（$P<0.05$）。在孵化后 50 d 时，MOP－XX 性腺中 *cyp11c1* 的表达量与 C－XX 性腺中的表达量无显著差异，MOP－XY 性腺中 *cyp11c1* 的表达量与 C－XY 性腺中的表达量无显著差异（$P>0.05$）；在孵化后 70 d 和 90 d 时，MOP－XX 性腺中 *cyp11c1* 的表达量与 C－XX 性腺中的表达量均无显著差异（$P>0.05$），CR－XY 性腺中的 *cyp11c1* 的表达量在孵化后 70 d 时显著低于 C－XY 性腺中的表达量（$P<0.05$），在孵化后 90 d 时显著高于 C－XY 性腺中的表达量（$P<0.05$）。

dmrt3：在孵化后 50 d 和 90 d 时，C－XX 性腺中的 *dmrt3* 的表达量与 C－XY 性腺中的表达量均无显著差异（$P>0.05$）；在孵化后 70 d 时，C－XX 性腺中的 *dmrt3* 的表达量显著低于 C－XY 性腺中的表达量（$P<0.05$）。在孵化后 50 d时，MOP－XX 性腺中的 *dmrt3* 的表达量显著高于 MOP－XY 性腺中的表达量（$P<0.05$），而在孵化后 70 d 和 90 d 时，MOP－XX 性腺中的*dmrt3*的表达量显著高于 MOP－XY 性腺中的表达量（$P<0.05$）。在孵化后 50 d 时，MOP－XX 性腺中 *dmrt3* 的表达量显著高于 C－XX 性腺中的表达量（$P<$

0.05)，MOP－XY 性腺中的 *dmrt3* 的表达量与 C－XY 性腺中的表达量无显著差异（$P>0.05$）；在孵化后 70 d 时，MOP－XX 性腺中 *dmrt3* 的表达量与 C－XX 性腺中的表达量无显著差异（$P>0.05$），MOP－XY 性腺中 *dmrt3* 的表达量与 C－XY 性腺中的表达量无显著差异（$P>0.05$）；在孵化后 90 d 时，MOP－XX

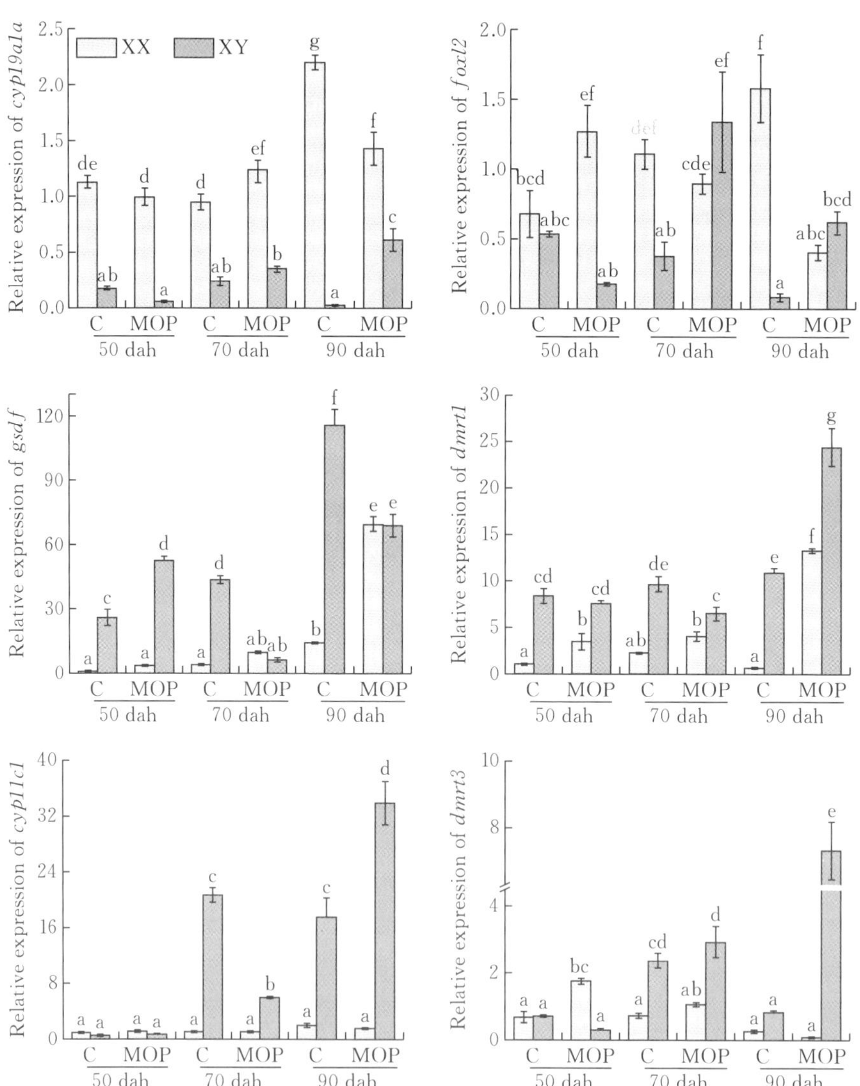

图 4－11　对照组和美替拉酮处理组红鳍东方鲀性腺中 *cyp19a1a*、*foxl2*、*gsdf*、*dmrt1*、*cyp11c1*、*dmrt3* 的相对表达量

注：C，对照组；MOP，美替拉酮处理组；dah，孵化后的天数；每个值代表三次测量的平均值±标准差，不同小写字母表示每个处理之间的显著差异（one－way ANOVA，$P<0.05$）

性腺中的 *dmrt3* 的表达量与 C－XX 性腺中的表达量无显著差异（$P>0.05$），MOP－XY 性腺中 *dmrt3* 的表达量显著高于 C－XY 性腺中的表达量（$P<0.05$）。

（三）米非司酮处理对幼鱼性腺中性别分化相关基因的影响

cyp19a1a：在孵化后 50 d、70 d 和 90 d 时，C－XX 性腺中的 *cyp19a1a* 的表达量均显著高于在 C－XY 性腺中的表达量（$P<0.05$）（图 4－12）。在孵化后 50 d 和 90 d 时，RU486 处理组遗传雌性幼鱼（RU－XX）性腺中 *cyp19a1a* 的表达量与在 RU486 处理组遗传雄性幼鱼（RU－XY）性腺中的表达量无显著差异（$P>0.05$）；在孵化后 70 d 时，RU－XX 性腺中的 *cyp19a1a* 的表达量显著高于 RU－XY 性腺中的表达量。在孵化后 50 d 和 90 d 时，RU－XX 性腺中的 *cyp19a1a* 的表达量均显著低于 C－XX 性腺中的表达量（$P<0.05$）；在孵化后 70 d 时，RU－XX 性腺中的 *cyp19a1a* 的表达量均显著高于 C－XX 性腺中的表达量（$P<0.05$）；在孵化后 50 d、70 d 和 90 d 时，RU－XY 性腺中 *cyp19a1a* 的表达量与在 C－XY 性腺中的表达量均无显著差异（$P>0.05$）。

foxl2：在孵化后 50 d 时，C－XX 性腺中的 *foxl2* 表达量与 C－XY 性腺中的表达量无显著差异（$P>0.05$）；在孵化后 70 d 和 90 d 时，C－XX 性腺中的 *foxl2* 的表达量均显著高于 C－XY 性腺中的表达量（$P<0.05$）。在孵化后 50 d 和 90 d 时，RU－XX 性腺中 *foxl2* 的表达量与在 RU－XY 性腺中的表达量无显著差异（$P>0.05$）；在孵化后 70 d 时，RU－XX 性腺中 *foxl2* 的表达量显著高于在 RU－XY 性腺中的表达量（$P<0.05$）。在孵化后 50 d 时，RU－XX 性腺中 *foxl2* 的表达量与在 C－XX 性腺中的表达量无显著差异（$P>0.05$）；在孵化后 70 d 时，RU－XX 性腺中 *foxl2* 的表达量显著高于在 C－XX 性腺中的表达量（$P<0.05$）；在孵化后 90 d 时，RU－XX 性腺中 *foxl2* 的表达量显著低于在 C－XX 性腺中的表达量（$P<0.05$）；在孵化后 50 d、70 d 和 90 d 时，RU－XY 性腺中 *cyp19a1a* 的表达量与在 C－XY 性腺中的表达量均无显著差异（$P>0.05$）。

gsdf：在孵化后 50 d、70 d 和 90 d 时，C－XX 性腺中的 *gsdf* 的表达量均显著低于在 C－XY 性腺中的表达量（$P<0.05$）。在孵化后 50 d 时，RU－XX 性腺中的 *gsdf* 的表达量显著低于在 RU－XY 性腺中的表达量（$P<0.05$）；在孵化后 70 d 和 90 d 时，RU－XX 性腺中 *gsdf* 的表达量显著高于在 RU－XY 性腺中的表达量（$P<0.05$）。在孵化后 50 d、70 d 和 90 d 时，RU－XX 性腺中的 *gsdf* 的表达量均显著高于在 C－XX 或 C－XY 性腺中的表达量（$P<0.05$）；在孵化后 50 d 和 70 d 时，RU－XY 性腺中 *gsdf* 的表达量显著高于在 C－XY 性腺中的表达量（$P<0.05$）；在孵化后 90 d 时，RU－XY 性腺中 *gsdf* 的表达量与在 C－XY 性腺中的表达量无显著差异（$P>0.05$）。

dmrt1：在孵化后 50 d、70 d 和 90 d 时，C-XX 性腺中的 *dmrt1* 的表达量均显著低于在 C-XY 性腺中的表达量（$P<0.05$）。在孵化后 50 d 时，RU-XX 性腺中 *dmrt1* 的表达量显著低于 RU-XY 性腺中的表达量（$P<0.05$）；而在孵化后 70 d 和 90 d 时，RU-XX 性腺中 *dmrt1* 的表达量均显著高于 RU-XY 性腺中的表达量（$P<0.05$）。在孵化后 50 d、70 d 和 90 d 时，RU-XX 性腺中的 *dmrt1* 的表达量均显著高于在 C-XX 性腺中的表达量（$P<0.05$）；在孵化后 50 d 时，RU-XY 性腺中的 *dmrt1* 的表达量显著高于在 C-XY 性腺中的表达量（$P<0.05$）；而在孵化后 70 d 和 90 d 时，RU-XY 性腺中的 *dmrt1* 的表达量与在 C-XY 性腺中的表达量无显著差异（$P>0.05$）。

cyp11c1：在孵化后 50 d 时，C-XX 性腺中的 *cyp11c1* 表达量与 C-XY 性腺中的表达量无显著差异（$P>0.05$）；在孵化后 70 d 和 90 d 时，C-XX 性腺中的 *cyp11c1* 的表达量均显著低于 C-XY 性腺中的表达量（$P<0.05$）。在孵化后 50 d、70 d 和 90 d 时，RU-XX 性腺中的 *cyp11c1* 表达量与 RU-XY 性腺中的表达量均无显著差异（$P>0.05$）。在孵化后 50 d 时，RU-XX 性腺中 *cyp11c1* 的表达量与 C-XX 性腺中的表达量无显著差异（$P>0.05$），RU-XY 性腺中 *cyp11c1* 的表达量与 C-XY 性腺中的表达量无显著差异（$P>0.05$）；在孵化后 70 d 时，RU-XX 性腺中 *cyp11c1* 的表达量显著高于在 C-XX 性腺中的表达量（$P<0.05$），CR-XY 性腺中的 *cyp11c1* 的表达量显著低于 C-XY 性腺中的表达量（$P<0.05$）；在孵化后 90 d 时，RU-XX 性腺中 *cyp11c1* 的表达量与 C-XX 性腺中的表达量无显著差异（$P>0.05$），CR-XY 性腺中的 *cyp11c1* 的表达量显著低于 C-XY 性腺中的表达量（$P<0.05$）。

dmrt3：在孵化后 50 d 和 90 d 时，C-XX 性腺中 *dmrt3* 的表达量与 C-XY 性腺中的表达量均无显著差异（$P>0.05$）；在孵化后 70 d 时，C-XX 性腺中 *dmrt3* 的表达量显著低于 C-XY 性腺中的表达量（$P<0.05$）。在孵化后 50 d 时，RU-XX 性腺中 *dmrt3* 的表达量与在 RU-XY 性腺中的表达量无显著差异（$P>0.05$）；在孵化后 70 d 时，RU-XX 性腺中 *dmrt3* 的表达量显著高于 RU-XY 性腺中的表达量（$P<0.05$）；在孵化后 90 d 时，RU-XX 性腺中 *dmrt3* 的表达量显著低于 RU-XY 性腺中的表达量（$P<0.05$）。在孵化后 50 d 和 90 d 时，RU-XX 性腺中 *dmrt3* 的表达量与在 C-XX 或 C-XY 性腺中的表达量均无显著差异（$P>0.05$）；在孵化后 70 d 时，RU-XX 性腺中 *dmrt3* 的表达量显著高于在 C-XX 或 C-XY 性腺中的表达量（$P<0.05$）；在孵化后 50 d、70 d 和 90 d 时，RU-XY 性腺中 *dmrt3* 的表达量与在 C-XY 性腺中的表达量均无显著差异（$P>0.05$）。

（四）讨论

本部分研究对各个处理组幼鱼性别分化相关基因的表达水平进行了测定。

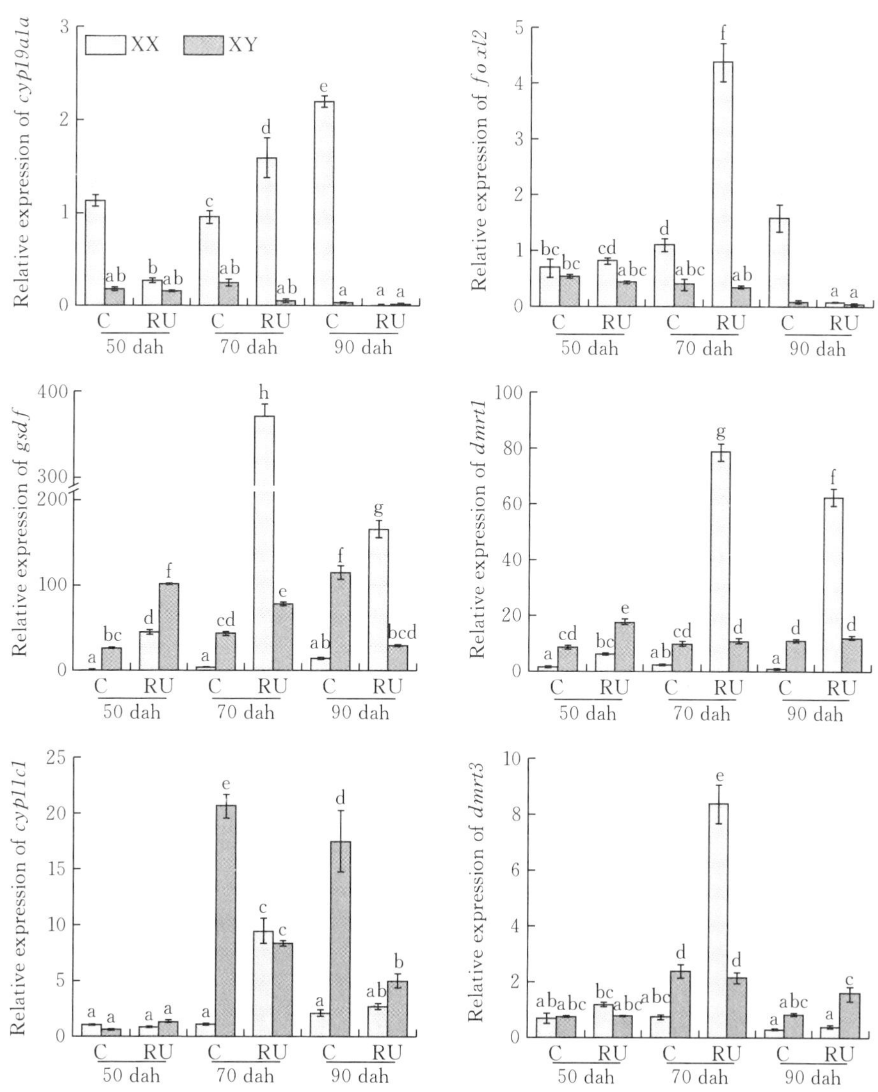

图 4-12　对照组和米非司酮处理组红鳍东方鲀性腺中 *cyp19a1a*、*foxl2*、*gsdf*、*dmrt1*、*cyp11c1*、*dmrt3* 的相对表达量

注：C，对照组；RU，米非司酮处理组；dah，孵化后的天数；每个值代表三次测量的平均值±标准差，不同小写字母表示每个处理之间的显著差异（one-way ANOVA，$P<0.05$）

结果表明，皮质醇、美替拉酮和米非司酮处理均影响了幼鱼性腺中 *cyp19a1a*、*foxl2*、*gsdf* 和 *dmrt1* 的表达，除此之外，米非司酮处理组中 *cyp11c1* 的表达也发生了变化。

类固醇激素在硬骨鱼类的性分化过程中至关重要，通过复杂的分子途径促进初级和第二性特征的发育和维持。类固醇生物合成过程始于胆固醇从细胞内储存转移到线粒体内膜，这一过程由类固醇生成急性调节（steroidogenic acute regulatory，STAR）蛋白促进。合成途径的下游由 *cyp11a1*、*cyp17a1*、*cyp17a2*、*hsd17b1*、*hsd17b3* 和 *hsd3b1* 等基因通过转录翻译等进行调控，胆固醇向睾酮的转化发生在性腺中。其后，睾酮作为一种前激素，可通过性腺或脑芳香化酶（分别由 *cyp19a1a* 和 *cyp19a1b* 编码）催化促进 E_2 的合成，也可通过 *cyp11c1* 和 *hsd11b* 负责编码的酶的催化作用转化为 11－KT（Zhou 等，2021）。*cyp19a1a* 是硬骨鱼早期卵巢分化过程中可靠的标志物，雄性通路基因通过抑制 *cyp19a1a* 的表达来决定精巢发育，雌性通路基因通过促进 *cyp19a1a* 的表达来促进卵巢发育（Li 等，2019）。*cyp19a1a* 的下调被认为是触发硬骨鱼雌性向雄性性别转变的关键因素（Liu 等，2017）。在红鳍东方鲀性别分化早期，*cyp19a1a* 出现性别二态性表达。在 AI、MT 和 MET 诱导的雄性化过程中，XX 红鳍东方鲀的性腺中 *cyp19a1a* 的表达降低，这表明 *cyp19a1a* 可能对红鳍东方鲀的性别分化具有重要的作用。在红鳍东方鲀的研究中发现，在处理结束时，相较于对照组，皮质醇处理组遗传雌性幼鱼性腺中 *cyp19a1a* 的表达水平上调了，而美替拉酮处理组和米非司酮处理组遗传雌性幼鱼性腺中该基因的表达下调了。有趣的是，米非司酮处理组遗传雌性幼鱼性腺中几乎不表达 *cyp19a1a*，推测 *cyp19a1a* 参与到了红鳍东方鲀性别转变的过程。但米非司酮处理组遗传雌性幼鱼性腺中低水平的 *cyp19a1a* 是造成红鳍东方鲀雄性化的原因还是结果仍然有待进一步的探明。在一些硬骨鱼中，*foxl2* 是 *cyp19a1a* 启动子的激活转录调节因子；在一些硬骨鱼中，*foxl2* 与其他转录因子［如 *nr5a1*（*sf1*）或 *cAMP*］一起共激活 *cyp19a1a* 的表达（Fan 等，2019；Wang 等，2007）。遗传性别为 XX 的尼罗罗非鱼的 *foxl2* 缺陷抑制了 XX 性腺中 *cyp19a1a* mRNA 的表达，上调了 *cyp11c1* mRNA 的表达，导致雌性到雄性的性反转（Zhang 等，2017）。这些报告表明，*foxl2* 通过增加 *cyp19a1a* 的表达和抑制与雄性通路相关的基因的表达来促进卵巢发育。此外，在停止处理时，各个处理组中 *foxl2* 的表达量均是较低的，推测 *foxl2* 在红鳍东方鲀性别转变的过程中发挥着重要作用。

11β－羟化酶由 *cyp11c1* 编码，是雄性鱼类体内催化 11－KT 生物合成的类固醇生成酶。内源性雄激素在鱼类精巢分化中的作用是复杂的。在一些硬骨动物中，精巢分化的开始并不需要雄激素的产生，而与精巢分化相关的是内源性雌激素的缺乏而不是雄激素的生成（Zhou 等，2021；Vizziano－Cantonnet 等，2008；Ijiri 等，2008）。在一些硬骨鱼类，如尼罗罗非鱼（Ijiri 等，2008）和虹鳟（Vizziano－Cantonnet 等，2008）的性别分化初期，*cyp11c1* mRNA 的表达没有观察到性别差异。进一步的功能分析表明，*cyp11c1* 的突变导致雄激素缺失，但不影响尼罗罗非鱼的性别分化（Zheng 等，2020）。同样，*cyp11c1* 缺陷斑马鱼的性腺可以发育为卵巢或精巢（Oakes 等，2020）。因此，内源性雄激素对一些硬骨鱼的精巢分化可能不是必需的。然而，应该注意的是，在一些硬骨鱼类，如尖吻鲈（*Late calcarifer*）和太平洋黑鲔（*Thunnus orientalis*），性别分化的早期阶段，*cyp11c1* 的表达水平表现出性别差异，其在精巢中高表达（Banh 等，2017；Hayashida 等，2023）。这表明 *cyp11c1* 可能在某些硬骨动物的性别分化中起重要作用。在红鳍东方鲀中，*cyp11c1* 在性别分化早期精巢中的表达显著高于卵巢。此外，在红鳍东方鲀中，*cyp11c1* 的表达在 E_2 诱导的雌性化过程中下调，但在 AI 诱导的雄性化过程中上调。在本研究中，经 RU486 处理的 XX 幼鱼在孵化后 70 d 时，*cyp11c1* 的表达上调。推测在 *cyp11c1* 可能通过调控 11－KT 的合成参与到了红鳍东方鲀的性别转变。

在许多硬骨鱼类的性别分化早期，如尼罗罗非鱼（Kaneko 等，2015）、青鳉（Shibata 等，2010）和鳗鲡（Inaba 等，2021），*gsdf* 在雄性性腺中的表达高于在雌性性腺中的表达。遗传雄性尼罗罗非鱼 *gsdf* 纯合突变体造成雄性到雌性的性反转（Fan 等，2023）。在遗传雄性青鳉性腺中，*gsdf* 的敲低抑制了雄性通路相关基因的表达（*sox9b* 和 *dmrt1*），促进了雌性通路相关基因的表达（*cyp19a1* 和 *foxl2*），导致了可育雄性的性别反转（Zhang 等，2016）。之前的研究表明，*dmrt1* 可以促进硬骨鱼类，如斑马鱼（Webster 等，2017）、牙鲆（Shu 等，2022）和斑鳢（*Channa maculate*）（Ou 等，2022）等的精巢分化。在一项研究中，许多 *dmrt1* 突变斑马鱼发育成可生育的雌性（Webster 等，2017）。在幼鱼性腺分化期间腹腔注射重组 *dmrt1* 促进了牙鲆雄性表型的形成（Shu 等，2022）。另外，先前研究表明，在孵化后 40 d 时，红鳍东方鲀精巢中 *gsdf* 和 *dmrt1* 的表达水平显著高于卵巢。此外，*gsdf* 和 *dmrt1* 的表达水平在 AI 处理的 XX 红鳍东方鲀性腺中增强，而这些基因的表达水平在 E_2 处理的 XY 和红鳍东方鲀性腺中降低。这表明，*gsdf* 和 *dmrt1* 可能在红鳍东方鲀性别分化中起重要作用，这两个基因表达水平的升高可能有利于红鳍东方鲀的雄性化。在红鳍东方鲀中，皮质醇、美替拉酮和米非司酮停止处理时，遗传雌性幼鱼性腺中 *gsdf* 和 *dmrt1* 的表达均上调，表明 *gsdf* 和 *dmrt1* 均参与到了幼鱼的雄性化过程。

出乎意料的是，与对照组相比，皮质醇处理组遗传雌性幼鱼性腺中雌性相关基因 *cyp19a1a* 的表达水平在孵化后 70 d 和 90 d 时发生上调；在孵化后 70 d 时，美替拉酮处理组遗传雌性性腺中 *cyp19a1a* 的表达水平相较于对照组显著上调了；在孵化后 70 d 时，米非司酮处理组遗传雌性性腺中 *cyp19a1a* 和 *foxl2* 的表达均显著上调。雌性和雄性信号通路之间的相互拮抗作用控制着性腺的命运，这种拮抗相互贯穿于出生前与后期生长发育过程（Piprek，2009；McClelland 等，2012）。当打破雌雄之间的对立平衡后，即使是轻微的打破，精巢和卵巢命运之间潜在的拮抗性就暴露出来了（Mcclelland 等，2012）。因此，在性别转变的过程中，各处理组幼鱼的性腺可能经历了雌性（涉及 *cyp19a1a* 和 *foxl2* 等）和雄性（涉及 *dmrt1* 和 *gsdf* 等）信号通路之间的拮抗作用。此外，还应考虑到的是，用于提取 RNA 的性腺数量以及所处发育时期用于提取 RNA 的幼鱼的性腺是否处于同一发育阶段。正如第三章所提到的，在孵化后 70 d 和 90 d 时，不同组幼鱼性腺均存在未分化的性腺和精巢或卵巢。若是用于 RNA 提取的 5 尾鱼的性腺处于不同的发育阶段，可能会造成较大的影响。需要进一步的研究，来探究幼鱼在雄性化的过程中雌性相关基因上调的原因。

第五章

总 结 与 展 望

一、总结

本书总结了团队在红鳍东方鲀性别分化机制方面的研究，主要获得的结果如下：

（1）通过分离性别未分化时期的红鳍东方鲀的性腺和脑组织，构建转录组文库。查明了分子性别分化关键阶段性腺中 mRNAs 的表达谱。

① 在红鳍东方鲀幼鱼性腺中发现了 23 810 个基因。其中，在孵化后 60 d 的幼鱼性腺中，1 014 个基因在卵巢中上调，1 570 个基因在精巢中上调。在孵化后 90 d，1 287 个基因在卵巢中上调，1 500 个基因在精巢中下调。采用 qPCR 技术，对 15 个性别差异表达基因在孵化后 30 d 和 s40 d 的性腺中的表达量进行测定。在孵化后 30 d 性腺中，*cyp11b* 和 *star* 在雄性中的表达水平显著高于其在雌性中的表达水平，*cyp11a1* 和 *cyp19a1a* 在雌性中的表达水平显著高于其在雄性中的表达水平。在孵化后 40 d 的性腺中，*gsdf*、*dmrt1*、*dmrt3*、*cyp11c1*、*star* 和 *hsd3b* 在雄性中高表达，而 *foxl2*、*cyp19a1a*、*wnt9b* 和 *foxD4* 在雌性中高表达。*sox9*、*cyp11a1*、*cyp17a1*、*cyp17a2* 和 *nr5a2* 在雄性和雌性中的表达水平无显著性差异。

② 对孵化后 30 d 和 40 d 幼鱼的脑组织测序获得 28.24 Gb clean read，注释得到 22 337 个基因。在孵化后 30 d 幼鱼脑组织中，发现 229 个基因在雄鱼脑中上调，而 21 个在雌鱼脑中上调。在孵化后 40 d 幼鱼脑组织中，发现 325 个基因在雄鱼脑中上调和 174 个基因在雌鱼脑中上调。其中，*TPO* 样基因和 *opsin5* 等基因在红鳍东方鲀脑中的性别二态性表达，表明甲状腺激素和 *opsin5* 等可能在精巢分化中发挥作用。未来应进行进一步的研究，研究结果也为今后研究下丘脑-垂体-性腺轴在鱼类性别分化过程中的功能奠定基础。

（2）发现使用 AI 和 MT 可以诱导红鳍东方鲀雄性化，E_2 处理可以诱导雌性化。通过比较处理组和对照组幼鱼性腺中基因的表达谱，发现 AI 处理的遗传 XX 雌鱼性腺中 *foxl2* 和 *cyp19a1a* 的表达下降，*dmrt1* 和 *gsdf* 的表达上升；E_2 处理的遗传 XY 雄鱼性腺中 *dmrt1* 和 *gsdf* 表达下降。结果表明，AI

可能抑制了 *foxl2* 的表达、芳香化酶活性、内源性雌激素合成，而 E_2 的缺失可能导致 XY 雄鱼性腺中 *dmrt1* 和 *gsdf* 表达上调。和其他硬骨鱼类一样，雌激素通路可能对红鳍东方鲀的性别分化也起着重要作用。在红鳍东方鲀中，MT 处理后，XX 幼鱼性腺中 *foxl2* 和 *cyp19a1a* 的表达下降，但 *dmrt1* 和 *gsdf* 的表达并未上升。因此，MT 诱导雄性化幼鱼可能主要通过抑制卵巢发育而不是直接诱导精巢分化来发挥作用。此外，还发现，*cyp11c1* 在孵化后 30 d XY 幼鱼未分化性腺中的表达水平显著高于 XX 幼鱼。本部分研究中，发现 AI 处理后，XX 幼鱼性腺中的 *cyp11c1* 的表达上升，E_2 处理的 XY 幼鱼性腺中 *cyp11c1* 的表达下降。这些结果表明，雄激素的存在可能对红鳍东方鲀早期性别分化至关重要，在其性别分化过程中，雄激素可能与雌激素存在拮抗关系。

（3）甲状腺激素合成抑制剂 MET 处理会导致红鳍东方鲀雄性化。在 MET 处理组，幼鱼性腺中参与类固醇激素生物合成的基因表达受到抑制，如 XX 性腺中的 *foxl2* 和 *cyp19a1a*。同时，MET 处理的 XX 红鳍东方鲀性腺中的 *dmrt1* 的表达上升。因此，MET 诱导的红鳍东方鲀雄性化作用可能主要通过抑制 *foxl2* 和 *cyp19a1a* 的表达以及刺激 *dmrt1* 的表达来发挥作用的。此外，今后还应使用较高浓度的 T4 或不同浓度的 T3 来分析其对性别分化的影响。

（4）分别用 CR、MOP、RU486 处理红鳍东方鲀幼鱼，探究皮质醇对红鳍东方鲀性别分化的影响时发现，皮质醇作为一种压力激素会抑制红鳍东方鲀幼鱼的生长，而 MOP 和 RU486 几乎不影响幼鱼的生长。CR、MOP 和 RU486 均能造成遗传雌性红鳍东方鲀的雄性化，但 CR 和 MOP 诱导的雄性化率较低，而 RU486 处理造成的 XX 幼鱼雄性化率达到 100%。CR、MOP 和 RU486 诱导遗传雌性幼鱼雄性化的过程中，性腺中 *cyp19a1a*、*foxl2*、*gsdf* 和 *dmrt1* 的表达水平均发生变化。

以上结果为今后阐明红鳍东方鲀性别决定及分化的分子调控网络奠定了重要基础，也能为今后实现红鳍东方鲀全雄苗种繁育提供重要参考。

二、展望

（1）研究发现，AI、E_2、MT、甲状腺激素及其合成抑制剂、RU486 等处理均会导致 *foxl2*、*cyp19a1a*、*dmrt1*、*gsdf* 和 *cyp11c1* 等基因上调或下调，表明这些基因对红鳍东方鲀的卵巢或精巢分化至关重要。随着基因编辑、转基因技术的发展，还需在红鳍东方鲀上采用先进的分子生物学技术对筛选得到的性别分化相关的基因进行进一步的功能验证。

（2）目前的研究发现，在不同的鱼类，其位于最上游的性别决定基因不尽相同，而性别决定通路中游或者下游与性别分化和性腺发育相关的基因却具有保守性，如 *dmrt1* 和 *gsdf* 等通常参与精巢发育和精子发生过程，*foxl2* 和 *cyp19a1a* 等对卵巢发育和卵子发生至关重要，并将这一现象称为“*masters change*，*slaves remain*”。然而，鱼类的性别分化的下游分子调控网络也并非如之前所认为的那么保守。在不同鱼类中，性别分化相关基因在调控网络中的位置各有差异。因此，为了进一步解释鱼类和其他脊椎动物性别决定及分化的复杂机制，需要在更多的鱼类上进行研究并筛选出更多性别相关基因。

（3）关于脑的性别和生殖腺性别之间的关系，目前有两种观点：一是在哺乳类中，认为性激素诱导了脑发生性别二态性；二是在部分脊椎动物，如鸟类中，发现性激素发挥作用前，脑中性二态基因的差异表达会导致雌性和雄性脑的结构和功能的不同。鱼类性腺的性别分化和脑的性别分化之间的关系还需进一步研究。

（4）E_2 处理诱导了遗传 XY 红鳍东方鲀的卵巢发育并抑制了它们的生长、存活率和性腺的发育，今后还需进一步探讨。此外，在红鳍东方鲀中，雄激素在其性别分化早期可能与雌激素产生拮抗作用；而孕激素可能与雌激素存在协同作用，进而影响性腺性别分化的命运。这些假设还需今后大量实验进一步证明。

（5）研究发现非编码 RNA、DNA 甲基化、组蛋白修饰等对鱼类的性别分化起到表观遗传调控作用。今后在红鳍东方鲀中，也应进一步研究其性别分化的表观遗传调控机制。

参 考 文 献

陈松林，2013. 鱼类性别控制与细胞工程育种［M］. 北京：科学出版社 .

邓思平，陈松林，田永胜，等，2007. 半滑舌鳎的性腺分化和温度对性别决定的影响［J］. 中国水产科学，5：714－719.

高长富，郝薇薇，仇雪梅，等，2016. 红鳍东方鲀抗苗勒氏管激素（AMH）基因在不同发育时期的组织表达［J］. 大连海洋大学学报，31（4）：390－396.

葛海燕，2007. 皮质醇和壳聚糖对黄颡鱼免疫机能及生长的影响［D］，武汉：华中农业大学.

葛海燕，刘小玲，罗贤奎，等，2007. 皮质醇混饲投喂对黄颡鱼幼鱼生长及外周血细胞的影响［J］. 淡水渔业，1：43－47.

胡鹏，刘新富，刘滨，等，2015. 红鳍东方鲀性腺的组织学分化［J］. 中国海洋大学学报：自然科学版，45（10）：25－30.

黄敏伟，2019. 促卵泡素调控斜带石斑鱼性别分化的分子机制研究［D］. 广州：中山大学 .

蒋小龙，2014. 性类固醇激素在尼罗罗非鱼性别决定与分化中的作用［D］. 重庆：西南大学.

李广丽，邓思平，孙晶，等，2013. 芳香化酶抑制剂来曲唑对胡子鲇性腺分化及相关基因表达的影响［J］. 中国水产科学，20（5）：911－917.

李国超，余凯敏，冯为民，等，2015. 17β-雌二醇对斑马鱼性别分化的影响［J］. 生物技术通报，31（6）：200－208.

李延伸，2011. 芳香化酶抑制剂对暗纹东方鲀（*Takifugu obscurus*）仔稚鱼发育及*CYP19A*基因表达的影响［D］. 上海：华东师范大学 .

刘永新，周勤，张红涛，2014. 温度对红鳍东方鲀早期生长和性别分化的影响［J］. 南方水产科学，10（5）：24－29.

马爱军，房金岑，陈蓝荪，等 . 2014. 河豚鱼产业调研报告（下）. 海洋与渔业・水产前沿，8：96－100.

梅洁，桂建芳，2014. 鱼类性别异形和性别决定的遗传基础及其生物技术操控［J］. 中国科学：生命科学，44（12）：1198－1212.

彭锟，2019. 皮质醇处理影响尼罗罗非鱼卵巢分化和发育的研究［D］. 重庆：西南大学 .

齐飘飘，2020. 高温和皮质醇对黄颡鱼性别分化的影响［D］. 武汉：华中农业大学 .

陶彬彬，胡炜，2022. 鱼类性别控制育种研究进展［J］. 中国农业科技导报，24（2）：1－10.

向家志，苏冒亮，张俊彬，2021. 皮质醇及其衍生物（倍他米松）对青鳉性腺分化影响的探究［J］. 生态科学，40（5）：16－22.

张全启，王旭波，刘金相，2019. 半滑舌鳎性别决定和性别控制育种研究进展与展望［J］. 中国海洋大学学报，49（10）：43－53.

张彦宇，2020. 糖皮质激素受体基因在克氏双锯鱼中的分子鉴定及表达模式研究［D］. 海口：海南大学.

周林燕，张修月，王德寿，2004. 脊椎动物性别决定和分化的分子机制研究进展［J］. 动物学研究，25（1）：81－88.

Abo－Al－Ela H G，2018. Hormones and fish monosex farming：A spotlight on immunity［J］. Fish and Shellfish Immunology，72：23－30.

Adolfi M C，Fischer P，Herpin A，et al.，2019. Increase of cortisol levels after temperature stress activates *dmrt1a* causing female－to－male sex reversal and reduced germ cell number in medaka［J］. Molecular Reproduction and Development，86（10）：1405－1417.

Agate R J，Choe M，Arnold A P，2004. Sex differences in structure and expression of the sex chromosome genes *CHD1Z* and *CHD1W* in zebra finches［J］. Molecular Biology and Evolution，21：384－396.

Agate R J，Grisham W，Wade J，et al.，2003. Neural，not gonadal，origin of brain sex differences in a gynandromorphic finch［J］. Proceedings of The National Academy of Sciences of the United States of America，100：4873－4878.

Alvarado M V，Carrillo M，Felip A，2015. Melatonin－induced changes in kiss/gnrh gene expression patterns in the brain of male sea bass during spermatogenesis［J］. Comparative Biochemistry and Physiology Part A：Molecular and Integrative Physiology，185：69－79.

Aoki Y，Nakamura S，Ishikawa Y，et al.，2009. Expression and syntenic analyses of four nanos genes in medaka［J］. Zoological Science，26（2）：112－118.

Aparicio S，Chapman J，Stupka E，et al.，2002. Whole genome shotgun assembly and analysis of the genome of Fugu rubripes［J］. Science，297：1301－1310.

Arora S，2006. Role of neuropeptides in appetite regulation and obesity－a review［J］. Neuropeptides，40（6）：375－401.

Arukwe A，2005. Modulation of brain steroidogenesis by affecting transcriptional changes of steroidogenic acute regulatory（StAR）protein and cholesterol side chain cleavage（P450scc）in juvenile Atlantic salmon（*Salmo salar*）is a novel aspect of nonylphenol toxicity［J］. Environmental Science and Technology，39：9791－9798.

Arukwe A，Förlin L，Goksøyr A，1997. Xenobiotic and steroid biotransformation enzymes in Atlantic salmon（*Salmo salar*）liver treated with an estrogenic compound，4－nonylphenol［J］. Environmental Toxicology and Chemistry，16：2576－2583.

Asaoka－Taguchi M，Yamada M，Nakamura A，et al.，1999. Maternal Pumilio acts together with Nanos in germline development in *Drosophila embryos*［J］. Nature Cell Biology，1（7）：431－437.

Bai D P，Chen Y，Hu Y Q，et al.，2020. Transcriptome analysis of genes related to gonad differentiation and development in muscovy ducks［J］. BMC genomics，21：438－455.

Banh Q Q, Domingos J A, Zenger K R, et al., 2017. Morphological changes and regulation of the genes *dmrt1* and *cyp11b* during the sex differentiation of barramundi (*Lates calcarifer* Bloch) [J]. Aquaculture, 479: 75 - 84.

Barannikova I A, Dyubin V P, Bayunova L V, et al., 2002. Steroids in the control of reproductive function in fish [J]. Neuroscience and Behavioral Physiology, 32: 141 - 148.

Baron D, Houlgatte R, Fostier A, et al., 2008. Expression profiling of candidate genes during ovary - to - testis transdifferentiation in rainbow trout masculinized by androgens [J]. General and Comparative Endocrinology, 156 (2): 369 - 378.

Baron D, Montfort J, Houlgatte R, et al., 2007. Androgen - induced masculinization in rainbow trout results in a marked dysregulation of early gonadal gene expression profiles [J]. BMC Genomics, 8: 357.

Barrionuevo F J, Hurtado A, Kim G J, et al., 2016. *Sox9* and *Sox8* protect the adult testis from male - to - female genetic reprogramming and complete degeneration [J]. Elife, 5: e15635.

Barrionuevo F, Bagheri - Fam S, Klattig J, et al., 2006. Homozygous inactivation of Sox9 causes complete XY sex reversal in mice [J]. Reproductive Biology, 74: 195 - 201.

Barton B A, 2002. Stress in fishes: a diversity of responses with particular reference to changes in circulating corticosteroids [J]. Integrative and Comparative Biology, 42 (3): 517 - 525.

Barton B A, Schreck C B, Barton L D, 1987. Effects of chronic cortisol administration and daily acute stress on growth, physiological conditions, and stress responses in juvenile rainbow trout [J]. Diseases of Aquatic Organisms, 2 (3): 173 - 185.

Baulieu E E, Robel P, Schumacher M, 2001. Neurosteroids: beginning of the story [J]. International Review of Neurobiology, 46: 1 - 32.

Baumann L, Knörr S, Keiter S, et al., 2014. Persistence of endocrine disruption in zebrafish (*Danio rerio*) after discontinued exposure to the androgen 17β - trenbolone [J]. Environmental Toxicology and Chemistry, 33 (11): 2488 - 2496.

Bellaiche J, Lareyre J J, Cauty C, et al., 2014. Spermatogonial stem cell quest: *nanos2*, marker of a subpopulation of undifferentiated A spermatogonia in trout testis [J]. Biology of Reproduction, 90 (4): 79.

Bem J C D, Fontanetti C S, Senhorini J A, et al., 2012. Effectiveness of estradiol valerate on sex reversion in *Astyanax altiparanae* (Characiformes, Characidae) [J]. Brazilian Archives of Biology and Technology, 55: 283 - 290.

Benoit J, 1935. Le role des yeux dans l'action stimulante de la lumiere sure le developpement testiulaire chez le canard [J]. CR Soc Biol (Paris), 118: 669 - 671.

Bergot P, Charlon N, Durante H A, 1986. The effects of compound diets feeding on growth and survival of coregonid larvae [J]. Biological Science, 22: 265 - 272.

Bergot P, Charlon N, Durante H, 1986. The effect of compound diets feeding on growth survival of coregonid larvae [J]. Arch Hydrobiol - Beih Ergebn Limnol, 22: 265 - 272.

Bergot P, Charlon N, Durante H, et al., 1986. The effect of compound diets feeding on growth survival of coregonid larvae [J]. Arch für Hydrobiol, 22: 265 - 272.

Bernhardt R R, Von Hippel F A, Cresko W A, 2006. Perchlorate induces hermaphroditism in threespine sticklebacks [J]. Environmental Toxicology and Chemistry: An International Journal, 25: 2087 - 2096.

Bernier N J, Bedard N, Peter R E, 2004. Effects of cortisol on food intake, growth, and forebrain neuropeptide Y and corticotropin - releasing factor gene expression in goldfish [J]. General and Comparative Endocrinology, 135 (2): 230 - 240.

Bhandari R K, Nakamura M, Kobayashi T, et al., 2006. Suppression of steroidogenic enzyme expression during androgen - induced sex reversal in Nile tilapia (*Oreochromis niloticus*) [J]. General and Comparative Endocrinology, 145 (1): 20 - 24.

Bjerregaard L B, Lindholst C, Korsgaard B, et al., 2008. Sex hormone concentrations and gonad histology in brown trout (*Salmo trutta*) exposed to 17beta - estradiol and bisphenol A [J]. Ecotoxicology, 17 (4): 252 - 263.

Björnsson B T, Einarsdóttir I E, Johansson M, et al., 2018. The impact of initial energy reserves on growth hormone resistance and plasma growth hormone - binding protein levels in rainbow trout under feeding and fasting conditions [J]. Frontiers in Endocrinology, 9: 231.

Blanton M L, Specker J L, 2007. The hypothalamic - pituitary - thyroid (HPT) axis in fish and its role in fish development and reproduction [J]. Critical Reviews in Toxicology, 37: 97 - 115.

Blanton M L, Specker J L, 2007. The hypothalamic - pituitary - thyroid (HPT) axis in fish and its role in fish development and reproduction [J]. Critical Reviews in Toxicology, 37: 97 - 115.

Blázquez M, Piferrer F, Zanuy S, et al., 1995. Development of sex control techniques for European sea bass (*Dicentrarchus labrax*) aquaculture: effects of dietary 17 α - methyltestosterone prior to sex differentiation [J]. Aquaculture, 135 (4): 329 - 342.

Blázquez M, Pifferrer F, Zanuy S, et al., 1995. Development of sex control techniques for European sea bass (*Dicentrarchus labrax* L.) aquaculture: effects of dietary 17 α - methyltestosterone prior to sex differentiation [J]. Aquaculture, 135 (4): 329 - 342.

Blüthgen N, Sumpter J P, Odermatt A, et al., 2013. Effects of low concentrations of the antiprogestin mifepristone (RU486) in adults and embryos of zebrafish (*Danio rerio*): 2. Gene expression analysis and in vitro activity [J]. Aquatic Toxicology, 144: 96 - 104.

Böhne A, Heule C, Boileau N, et al., 2013. Expression and sequence evolution of aromatase *cyp19a1* and other sexual development genes in East African cichlid fishes [J]. Molecular Biology and Evolution, 30 (10): 2268 - 2285.

Boonanuntanasarn S, Jangprai A, Na - Nakorn U, 2020. Transcriptomic analysis of female and male gonads in juvenile snakeskin gourami (*Trichopodus pectoralis*) [J]. Scientific Reports, 10 (1): 5240.

Borg B, 1994. Androgens in teleost fishes [J]. Comparative Biochemistry and Physiology Part C: Pharmacology, Toxicology and Endocrinology, 109 (3): 219 - 245.

Breves J P, Springer - Miller R, Chenoweth D, et al., 2020. Cortisol regulates insulin - like growth - factor binding protein (*igfbp*) gene expression in Atlantic salmon parr [J]. Molecular and Cellular Endocrinology, 518: 110989.

Browne P, Noyes P D, Casey W M, et al., 2017. Application of adverse outcome pathways to U. S. EPA′ s endocrine disruptor screening program [J]. Environmental Health Perspectives, 125: 096001.

Budd A, Banh Q, Domingos J, et al., 2015. Sex control in fish: approaches, challenges and opportunities for aquaculture [J]. Journal of Marine Science and Engineering, 3 (2): 329.

Busch S, Acar A, Magnusson Y, et al., 2015. TGF - beta receptor type - 2 expression in cancer - associated fibroblasts regulates breast cancer cell growth and survival and is a prognostic marker in pre - menopausal breast cancer [J]. Oncogene, 34: 27 - 38.

Cadepond D F, Ulmann M A, Baulieu E E, 1997. RU486 (mifepristone): mechanisms of action and clinical uses [J]. Annual Review of Medicine, 48 (1): 129 - 156.

Campbell Diana E K, Langlois V S, 2017. Expression of *sf1* and *dax - 1* are regulated by thyroid hormones and androgens during *silurana tropicalis* early development [J]. General and Comparative Endocrinology, 259: 33 - 34.

Castañeda - Cortés D C, Rosa I F, Boan A F, et al., 2023. Thyroid axis participates in high - temperature - induced male sex reversal through its activation by the stress response [J]. Cellular and Molecular Life Sciences, 80 (9): 253.

Chakraborty T, Zhou L Y, Chaudhari A, et al., 2016. *Dmy* initiates masculinity by altering *Gsdf/Sox9a2/Rspo1* expression in medaka (*Oryzias latipes*) [J]. Scientific Reports, 6: 19480.

Chakraborty T, Zhou L Y, Chaudhari A, et al., 2016. *Dmy* initiates masculinity by altering *gsdf/sox9a2/rspo1* expression in medaka (*Oryzias latipes*) [J]. Scientific Reports, 6: 19480.

Chang C F, Lau E L, Lin B Y, 1995. Stimulation of spermatogenesis or of sex reversal according to the dose of exogenous estradiol - 17beta in juvenile males of protandrous black porgy, *Acanthopagrus schlegeli* [J]. General and Comparative Endocrinology, 100: 355 - 367.

Chart J, Sheppard H, Allen M, et al., 1958. New amphenone analogs as adrenocortical inhibitors [J]. Experientia, 14 (4): 151 - 152.

Chen J, Peng C, Yu Z, et al., 2020. The administration of cortisol induces female - to - male sex change in the protogynous orange - spotted grouper, *Epinephelus coioides* [J].

Frontiers in Endocrinology (Lausanne), 11: 12.

Chen X, Agate R J, Itoh Y, et al., 2005. Sexually dimorphic expression of trkB, a Z - linked gene, in early posthatch zebra finch brain [J]. Proceedings of The National Academy of Sciences of the United States of America, 102: 7730 - 7735.

Chen X, Mei J, Wu J J, et al, 2015a. A comprehensive transcriptome provides candidate genes for sex determination/differentiation and SSR/SNP markers in yellow catfish [J]. Marine Biotechnology, 17: 190 - 198.

Chen Y, Hong W S, Wang Q, et al., 2015b. Cloning and expression pattern of *gsdf* during the first maleness reproductive phase in the protandrous *Acanthopagrus latus* [J]. General and Comparative Endocrinology, 217 - 218: 71 - 80.

Cherfls J, Zeghouf M, 2013. Regulation of small GTPases by GEFs, GAPs, and GDIs [J]. Physiological Reviews, 93: 269 - 309.

Chiang E F, Pai C I, Wyatt M, et al., 2001. Two *sox*9 genes on duplicated zebrafish chromosomes: expression of similar transcription activators in distinct sites [J]. Development Biology, 231: 149 - 163.

Chiba H, Iwata M, Yakoh K, et al., 2002. Possible influence of social stress on sex differentiation in Japanese eel [J]. Fisheries Science, 68 (supl): 413 - 414.

Conesa A, Götz S, García - Gómez J M, et al., 2005. Blast2GO: a universal tool for annotation, visualization and analysis in functional genomics research [J]. Bioinformatics, 21: 3674 - 3676.

Conover D O, Kynard B E, 1981. Environmental sex determination: interaction of temperature and genotype in a fish [J]. Science, 213 (4507): 577 - 579.

Cooke B M, 2006. Steroid - dependent plasticity in the medial amygdala [J]. Neuroscience, 138: 997 - 1005.

Coriat A M, Müller U, Harry J L, et al., 1993. PCR amplification of SRY - related gene sequences reveals evolutionary conservation of the SRY - box motif [J]. Genome Research, 2: 218 - 222.

Crane H M, Pickford D B, Hutchinson T H, et al., 2005. Effects of ammonium perchlorate on thyroid function in developing fathead minnows, *Pimephales promelas* [J]. Environmental Health Perspectives, 113: 396 - 401.

Cunningham S, Loughlin T, Bertagna X, et al., 1988. Plasma pro - opiomelanocortin fragments and adrenal steroids following administration of metyrapone to normal and hirsute women [J]. Journal of Endocrinological Investigation, 11: 247 - 253.

Cutting A, Chue J, Smith C A, 2013. Just how conserved is vertebrate sex determination [J]. Developmental Dynamics, 242: 380 - 387.

Davey A J, Jellyman D J, 2005. Sex determination in freshwater eels and management options for manipulation of sex [J]. Reviews in Fish Biology and Fisheries, 15 (1): 37 - 52.

Davies W, Wilkinson L S, 2006. It is not all hormones: alternative explanations for sexual differentiation of the brain [J]. Brain Research, 1126: 36 - 45.

De Caestecker M, 2004. The transforming growth factor - b superfamily of receptors [J]. Cytokine & Growth Factor Reviews, 15: 1 - 11.

Dean D M, Sanders M M, 1996. Ten years after: reclassification of steroid - responsive genes [J]. Molecular Endocrinology, 10: 1489 - 1495.

Deng S P, Chen S L, Liu B W, 2008. Molecular cloning and expression analysis of FTZ - F1 in the half - smooth tongue - sole, *Cynoglossus semilaevis* [J]. Zoological Research, 29: 592 - 598.

Dennis C, 2004. Brain development: the most important sexual organ [J]. Nature, 427: 390 - 392.

Denny P, Swift S, Brand N, et al., 1992. A conserved family of genes related to the testis determining gene, SRY [J]. Nucleic Acids Research, 20: 2887.

Desprez D, Mélard C, 1998. Effect of ambient water temperature on sex determinism in the blue tilapia *Oreochromis aureus* [J]. Aquaculture, 162 (1): 79 - 84.

Devlin R H, Nagahama Y, 2002. Sex determination and sex differentiation in fish: an overview of genetic, physiological, and environmental influences [J]. Aquaculture, 208: 191 - 364.

Devlin R H, Nagahama Y, 2002. Sex determination and sex differentiation in fish: an overview of genetic, physiological, and environmental influences [J]. Aquaculture, 208 (3 - 4): 191 - 364.

Dewing P, Chiang C W, Sinchak K, et al., 2006. Direct regulation of adult brain function by the male specific factor SRY [J]. Current Biology, 16: 415 - 420.

Dewing P, Shi T, Horvath S, et al., 2003. Sexually dimorphic gene expression in mouse brain precedes gonadal differentiation [J]. Molecular Brain Research, 118: 82 - 90.

Donaldson Z R, Young L J, 2008. Oxytocin, vasopressin, and the neurogenetics of sociality [J]. Science, 322 (5903): 900 - 904.

Dranow D B, Hu K, Bird A M, et al., 2016. *Bmp15* is an oocyte - produced signal required for maintenance of the adult female sexual phenotype in zebrafish [J]. PLoS Genetics, 12 (9): e1006323.

Du X, Wang B, Liu X, et al., 2017. Comparative transcriptome analysis of ovary and testis reveals potential sex - related genes and pathways in spotted knifejaw *Oplegnathus punctatus* [J]. Gene, 637: 203 - 210.

Erdman S E, Burtis K C, 1993. The Drosophila doublesex proteins share a novel zinc finger related DNA binding domain [J]. EMBO Journal, 12: 527 - 535.

Fan S, Shi H, Peng Y, et al., 2023. Dietary aromatase inhibitor treatment converts XY *gsdf* homozygous mutants to sub - fertile male in Nile tilapia (*Oreochromis niloticus*) [J]. Aquaculture, 569: 739381.

Fan Z F, You F, Wang L J, et al., 2014. Gonadal transcriptome analysis of male and female olive flounder (*Paralichthys olivaceus*) [J]. BioMed Research International, 1: 291067.

Fan Z, Zou Y, Jiao S, et al., 2017. Significant association of *Cyp19a* promoter methylation with environmental factors and gonadal differentiation in olive flounder *Paralichthys olivaceus* [J]. Comparative Biochemistry Physiology A Molecular and Integrative Physiology, 208: 70-79.

Fan Z, Zou Y, Liang D, et al., 2019. Roles of forkhead box protein L2 (*foxl2*) during gonad differentiation and maintenance in a fish, the olive flounder (*Paralichthys olivaceus*) [J]. Reproduction, Fertility and Development, 31 (11): 1742-1752.

Faught E, Vijayan M M, 2016. Mechanisms of cortisol action in fish hepatocytes [J]. Comparative Biochemistry and Physiology Part B: Biochemistry and Molecular Biology, 199: 136-145.

Feist G, Yeoh C G, Fitzpatrick M S, 1995. The production of functional sex-reversed male rainbow trout with 17α-methyltestosterone and 11β-hydroxyandrostenedione [J]. Aquaculture, 131 (1-2): 145-152.

Fenske M, Segner H, 2004. Aromatase modulation alters gonadal differentiation in developing zebrafish (*Danio Rerio*) [J]. Aquatic Toxicology, 67: 105-126.

Fernandino J I, Hattori R S, Kimura H, et al., 2008a. Expression profile and estrogenic regulation of anti-Müllerian hormone during gonadal development in pejerrey *Odontesthes bonariensis*, a teleost fish with strong temperature-dependent sex determination [J]. Developmental Dynamics, 237 (11): 3192-3199.

Fernandino J I, Hattori R S, Kishii A, et al., 2012. The cortisol and androgen pathways cross talk in high temperature-induced masculinization: the 11β-hydroxysteroid dehydrogenase as a key enzyme [J]. Endocrinology, 153 (12): 6003-6011.

Fernandino J I, Hattori R S, Shinoda T, et al., 2008b. Dimorphic expression of *dmrt*1 and *cyp*19*a*1 (*Ovarian aromatase*) during early gonadal development in pejerrey, *Odontesthes bonariensis* [J]. Sexual Development, 2 (6): 316-324.

Flood D, Fernandino J I, Langlois V S, 2013. Thyroid hormones in male reproductive development: evidence for direct crosstalk between the androgen and thyroid hormone axes [J]. General and Comparative Endocrinology, 192: 2-14.

Forger N G, 2006. Cell death and sexual differentiation of the nervous system [J]. Neuroscience, 138: 929-938.

Foster J W, Dominguez-Steglich M A, Guioli S, et al., 1994. Campomelic dysplasia and autosomal sex reversal caused by mutations in an *SRY*-related gene [J]. Nature, 372: 525-530.

Francis R C, 1992. Sexual lability in teleosts: developmental factors [J]. The Quarterly Review of Biology, 67: 1-18.

Francis R C, Barlow G W, 1993. Social control of primary sex differentiation in the Midas cichlid [J]. Proceedings of the National Academy of Sciences, 90: 10673 - 10675.

Frisch A J, Walker S P, Mccormick M I, et al., 2007. Regulation of protogynous sex change by competition between corticosteroids and androgens: an experimental test using sandperch, *Parapercis cylindrica* [J]. Hormones and Behavior, 52 (4): 540 - 545.

Frisch A, 2005. Sex - change and gonadal steroids in sequentially - hermaphroditic teleost fish [J]. Reviews in Fish Biology and Fisheries, 14 (4): 481 - 499.

Fujiyama T, Miyashita S, Tsuneoka Y, et al., 2018. Forebrain *Ptf1a* is required for sexual differentiation of the brain [J]. Cell Reports, 24: 79 - 94.

Gahr M, 2003. Male Japanese quails with female brains do not show male sexual behaviors [J]. Proceedings of the National Academy of Sciences, 100: 7959 - 7964.

Gallagher P, Watson S, Dye C E, et al., 2008. Persistent effects of mifepristone (RU - 486) on cortisol levels in bipolar disorder and schizophrenia [J]. Journal of Psychiatric Research, 42 (12): 1037 - 1041.

Gao W, Bohl C E, Dalton J T, 2005. Chemistry and structural biology of androgen receptor [J]. Chemical Reviews, 105 (9): 3352 - 3370.

Garcia - Cruz E L, Yamamota Y, Hattori R S, et al., 2020. Crowding stress during the period of sex determination causes masculinization in pejerrey *Odontesthes bonariensis*, a fish with temperature - dependent sex determination [J]. Comparative Biochemistry and Physiology A - Molecular and Integrative Physiology, 245: 110701.

Gardner L, Anderson T, Place A R, et al., 2005. Sex change strategy and the aromatase genes [J]. The Journal of Steroid Biochemistry and Molecular Biology, 94 (5): 395 - 404.

Gautier A, Le G F, Lareyre J J, 2011. The *gsdf* gene locus harbors evolutionary conserved and clustered genes preferentially expressed in fish previtellogenic oocytes [J]. Gene, 472: 7 - 17.

Gautier A, Sohm F, Joly J S, et al., 2011. The proximal promoter region of the zebrafish *gsdf* gene is sufficient to mimic the spatio - temporal expression pattern of the endogenous gene in Sertoli and granulosa cells [J]. Biology of Reproduction, 85 (6): 1240 - 1251.

Geffroy B, Bardonnet A, 2016. Sex differentiation and sex determination in eels: consequences for management [J]. Fish and Fisheries, 17 (2): 375 - 398.

Geffroy B, Wedekind C, 2020. Effects of global warming on sex ratios in fishes [J]. Journal of Fish Biology, 97 (3): 596 - 606.

Georg I, Bagheri - Fam S, Knower K C, et al., 2010. Mutations of the SRY - responsive enhancer of *SOX9* are uncommon in XY gonadal dysgenesis [J]. Sexual Development, 4: 321 - 325.

Gimeno S, Gerritsen A, Bowmer T, et al., 1996. Feminization of male carp [J]. Nature, 384: 221 - 222.

Godwin J R, Thomas P, 1993. Sex change and steroid profiles in the protandrous anemonefish Amphiprion melanopus (*Pomacentridae*, *Teleostei*) [J]. General and Comparative Endocrinology, 91 (2): 144 - 157.

Godwin J, 2010. Neuroendocrinology of sexual plasticity in teleost fishes [J]. Front Neuroendocrinol, 31 (2): 203 - 216.

Goetz F W, Donaldson E M, Hunter G A, et al., 1979. Effects of estradiol - 17? and 17a - methyltestosterone on gonadal differentiation in the Coho salmon (*Oncorhynchus kisutch*) [J]. Aquaculture, 17 (5): 267 - 278.

Goikoetxea A, Todd E V, Gemmell N J, 2017. Stress and sex: does cortisol mediate sex change in fish? [J]. Reproduction, 154 (6): R149 - R60.

Goikoetxea A, Todd E V, Muncaster S, et al., 2022. Effects of cortisol on female - to - male sex change in a wrasse [J]. PLoS One, 17 (9): e0273779.

Golan M, Levavi - Sivan B, 2014. Artificial masculinization in tilapia involves androgen receptor activation [J]. General and Comparative Endocrinology, 207: 50 - 55.

Goleman W L, Carr J A, Anderson T A, 2002. Environmentally relevant concentrations of ammonium perchlorate inhibit thyroid function and alter sex ratios in developing *xenopus laevis* [J]. Environmental Toxicology and Chemistry: An International Journal, 21: 590 - 597.

Goos H J T, Consten D, 2002. Stress adaptation, cortisol and pubertal development in the male common carp, *Cyprinus carpio* [J]. Molecular and Cellular Endocrinology, 197 (1): 105 - 116.

Gorski R A, Gordon J H, Shryne J E, et al., 1978. Evidence for a morphological sex difference within the medial preoptic area of the rat brain [J]. Brain Research, 148: 333 - 346.

Gorski R A, Harlan R E, Jacobson CD, et al., 1980. Evidence for the existence of a sexually dimorphic nucleus in the preoptic area of the rat [J]. Journal of Comparative Neurology, 193: 529 - 539.

Goto - Kazeto O R, Abe Y, Masai K, et al., 2006. Temperature - dependent sex differentiation in goldfish: establishing the temperature - sensitive period and effect of constant and fluctuating water temperatures [J]. Aquaculture, 254 (1 - 4): 617 - 624.

Govoroun M, McMeel O M, D'Cotta H, et al., 2001. Steroid enzyme gene expressions during natural and androgen - induced gonadal differentiation in the rainbow trout, *Oncorhynchus mykiss* [J]. Journal of Experimental Zoology, 290 (6): 558 - 566.

Gregoraszczuk E L, Slomczynska M, Wilk R, 1998. Thyroid hormone inhibits aromatase activity in porcine thecal cells cultured alone and in coculture with granulosa cells [J]. Thyroid, 8: 1157 - 1163.

Gregory T R, Wood O C M, 1999. The effects of chronic plasma cortisol elevation on the feeding behaviour, growth, competitive ability, and swimming performance of juvenile rainbow trout [J]. Physiological and Biochemical Zoology, 72 (3): 286 - 295.

Guiguen Y, Fostier A, Piferrer F, et al., 2010. Ovarian aromatase and estrogens: a pivotal role for gonadal sex differentiation and sex change in fish [J]. General and Comparative Endocrinology, 165: 352 - 366.

Guo Y, Li Q, Gao S, et al., 2004. Molecular cloning, characterization, and expression in brain and gonad of *Dmrt5* of zebrafish [J]. Biochemical and Biophysical Research Communications, 324: 569 - 575.

Gurates B, Amsterdam A, Tamura M, et al., 2003. *WT1* and *DAX - 1* regulate *SF - 1* - mediated human P450arom gene expression in gonadal cells [J]. Molecular and Cellular Endocrinology, 208: 61 - 75.

Habibi H R, Nelson E R, Allan E R O, 2012. New insights into thyroid hormone function and modulation of reproduction in goldfish [J]. General and Comparative Endocrinology, 175: 19 - 26.

Hacker A, Capel B, Goodfellow P, et al.. Expression of *Sry*, the mouse sex determining gene [J]. Development, 1995, 121 (6): 1603 - 1614.

Han K N, Matsui S, Furuichi M, et al., 1994. Effect of stocking density on growth, survival rate, and damage of caudal fin in larval to young puffer fish, *Takifugu rubripes* [J]. Aquaculture Science, 42: 507 - 514.

Hasselberg L, Grøsvik B E, Goksøyr A, et al., 2005. Interactions between xenoestrogens and ketoconazole on hepatic CYP1A and CYP3A, in juvenile Atlantic cod (*Gadus morhua*) [J]. Comparative Hepatology, 4: 2 - 17.

Hatsuta M, Tamura K, Shimizu Y, et al., 2004. Effect of thyroid hormone on cyp19 expression in ovarian granulosa cells from gonadotropin - treated immature rats [J]. Journal of Pharmacological Sciences, 94: 420 - 425.

Hattori R S, Castañeda - Cortés D C, Arias Padilla L F, et al., 2020. Activation of stress response axis as a key process in environment - induced sex plasticity in fish [J]. Cellular and Molecular Life Sciences, 77 (21): 4223 - 4236.

Hattori R S, Fernandino J I, Kishii A, et al., 2009. Cortisol - induced masculinization: does thermal stress affect gonadal fate in pejerrey, a teleost fish with temperature - dependent sex determination? [J]. PLoS One, 4 (8): e6548.

Hattori R S, Murai Y, Oura M, et al., 2012. A Y - linked anti - Müllerian hormone duplication takes over a critical role in sex determination [J]. Proceedings of the United States of America, 109: 2955 - 2959.

Hattori R S, Murai Y, Oura M, et al., 2012. A Y - linked anti - Müllerian hormone duplication takes over a critical role in sex determination [J]. Proceedings of The National Academy of Sciences of the United States of America, 109: 2955 - 2959.

Hayasaka O, Takeuchi Y, Shiozaki K, et al., 2019. Green light irradiation during sex differentiation induces female - to - male sex reversal in the Medaka *Oryzias latipes* [J].

Scientific Reports, 9: 15264 - 15268.

Hayashi Y, Hayashi M, Kobayashi S, 2004. Nanos suppresses somatic cell fate in Drosophila germ line [J]. Proceedings of the National Academy of Sciences, 101 (28): 10338 -10342.

Hayashi Y, Kobira H, Yamaguchi T, et al., 2010. High temperature causes masculinization of genetically female medaka by elevation of cortisol [J]. Molecular Reproduction and Development, 77 (8): 679 - 686.

Hayashida T, Soma S, Nakamura Y, et al., 2023. Transcriptome characterization of gonadal sex differentiation in Pacific bluefin tuna, *Thunnus orientalis* (Temminck et Schlegel) [J]. Scientific Reports, 13 (1): 13867.

Hayes T B, 1998. Sex Determination and primary sex differentiation in amphibians: genetic and developmental mechanisms [J]. Journal of Experimental Zoology, 281: 373 - 399.

Healy C, Uwanogho D, Sharpe P T, 1999. Regulation and role of Sox9 in cartilage formation [J]. Developmental Dynamics, 215: 69 - 78.

Heemers H V, Tindall D J, 2007. Androgen receptor (AR) coregulators: a diversity of functions converging on and regulating the AR transcriptional complex [J]. Endocrine Reviews, 28 (7): 778 - 808.

Herpin A, Adolfi M C, Nicol B, et al., 2013. Divergent expression regulation of gonad development genes in medaka shows incomplete conservation of the downstream regulatory network of vertebrate sex determination [J]. Molecular Biology and Evolution [J]. 30: 2328 - 2346.

Herpin A, Schartl M, 2011. *Dmrt*1 genes at the crossroads: a widespread and central class of sexual development factors in fish [J]. FEBS Journal, 278: 1010 - 1019.

Hewitt S C, Korach K S, 2002. Estrogen receptors: structure, mechanisms and function [J]. Reviews in Endocrine and Metabolic Disorders, 3: 193 - 200.

Hildreth P E, 1965. Doublesex, recessive gene that transforms both males and females of Drosophila into intersexes [J]. Genetics, 51: 659 - 678.

Hodgkin J, 2002. The remarkable ubiquity of DM domain factors as regulators of sexual phenotype: ancestry or aptitude [J]. Genes and Development, 16: 2322 - 2326.

Horie Y, Myosho T, Sato T, et al., 2016. Androgen induces gonadal soma - derived factor, *Gsdf*, in XX gonads correlated to sex - reversal but not *Dmrt*1 directly, in the teleost fish, northern medaka (*Oryzias sakaizumii*) [J]. Molecular and Cellular Endocrinology, 436: 141 - 149.

Horiguchi R, Nozu R, Hirai T, et al., 2013. Characterization of gonadal somaderived factor expression during sex change in the protogjoious wrasse, *Halichoeres trimaculatus* [J]. Developmental Dynamics, 242: 388 - 399.

Hu P, Liu B, Ma Q, et al., 2019. Expression profiles of sex - related genes in gonads of genetic male *Takifugu rubripes* after 17β - estradiol immersion [J]. Journal of Oceanology and Limnology, 37 (3): 1113 - 1124.

Hu P, Liu B, Meng Z, et al., 2017. Recovery of gonadal development in tiger puffer *Takifugu rubripes* after exposure to 17β - estradiol during early life stages [J]. Chinese Journal of Oceanology and Limnology, 35 (3): 613 - 623.

Huang D, Zhang B, Han T, et al., 2021. Genome - wide prediction and comparative transcriptomic analysis reveals the G protein coupled receptors involved in gonadal development of *Apostichopus japonicus* [J]. Genomics, 113 (1): 967 - 978.

Huang G H, Sun Z L, Li H J, et al., 2017. Rho GTPase - activating proteins: regulators of Rho GTPase activity in neuronal development and CNS diseases [J]. Molecular and Cellular Neuroscience, 80: 18 - 31.

Ijiri S, Kaneko H, Kobayashi T, et al, 2008. Sexual dimorphic expression of genes in gonads during early differentiation of a teleost fish, the Nile tilapia *Oreochromis niloticus* [J]. Biology of Reproduction, 78 (2): 333 - 341.

Imai T, Saino K, Matsuda M, 2015. Mutation of gonadal soma derived factor induces medaka XY gonads to undergo ovarian development [J]. Biochemical and Biophysical Research Communications, 467: 109 - 114.

Inaba H, Hara S, Horiuchi M, et al., 2021. Gonadal expression profiles of sex - specific genes during early sexual differentiation in Japanese eel *Anguilla japonica* [J]. Fisheries Science, 87: 203 - 209.

Itoi K, Helmreich D L, Lopez - Figueroa M O, et al., 1999. Differential regulation of corticotropin - releasing hormone and vasopressin gene transcription in the hypothalamus by norepinephrine [J]. Journal of Neuroscience, 19 (13): 5464 - 5472.

Iwamatsu T, Kobayashi H, Sagegami R, et al., 2006. Testosterone content of developing eggs and sex reversal in the medaka (*Oryzias latipes*) [J]. General and Comparative Endocrinology, 145 (1): 67 - 74.

Jakubiczka S, Schröder C, Ullmann R, et al., 2010. Translocation and deletion around *SOX9* in a patient with acampomelic campomelic dysplasia and sex reversal [J]. Sexual Development, 4: 143 - 149.

Jiang D N, Yang H H, Li M H, et al, 2016. *Gsdf* is a downstream gene of *dmrt1* that functions in the male sex determination pathway of the *Nile tilapia* [J]. Molecular Reproduction and Development, 83 (6): 497 - 508.

Johansson M, Björnsson B T, 2015. Elevated plasma leptin levels of fasted rainbow trout decrease rapidly in response to feed intake [J]. General and Comparative Endocrinology, 214: 24 - 29.

Johnson K M, Lema S C, 2011. Tissue - specific thyroid hormone regulation of gene transcripts encoding iodothyronine deiodinases and thyroid hormone receptors in striped parrotfish (*Scarus iseri*) [J]. General and Comparative Endocrinology, 172: 505 - 517.

Jörgensen A, Morthorst J E, Andersen O, et al., 2008. Expression profiles for six zebrafish genes during gonadal sex differentiation [J]. Reproductive Biology and Endocrinology, 6: 25.

Kajimura S, Hirano T, Visitacion N, et al., 2003. Dual mode of cortisol action on GH/IGF-I/IGF binding proteins in the tilapia, *Oreochromis mossambicus* [J]. Journal of Endocrinology, 178 (1): 91-100.

Kamiya T, Kai W, Tasumi S, et al., 2012. A trans-species missense SNP in *Amhr2* is associated with sex determination in the tiger pufferfish, *Takifugu rubripes* (fugu) [J]. PLoS Genetics, 8 (7): e1002798.

Kaneko H, Ijiri S, Kobayashi T, et al., 2015, Gonadal soma-derived factor (gsdf), a TGF-beta superfamily gene, induces testis differentiation in the teleost fish *Oreochromis niloticus* [J]. Mollecular and Cellular Endocrinology, 415: 87-99.

Kawahara T, Yamashita I, 2000. Estrogen-independent ovary formation in the medaka fish, *Oryzias latipes* [J]. Zoological Science, 17: 65-68.

Kim D, Pertea G, Trapnell C, et al., 2013. TopHat2: accurate alignment of transcriptomes in the presence of insertions, deletions and gene fusions [J]. Genome Biology, 14: 36.

King S R, Manna P R, Ishii T, et al., 2002. An essential component in steroid synthesis, the steroidogenic acute regulatory protein, is expressed in discrete regions of the brain [J]. Journal of Neuroscience, 22: 10613-10620.

Kitano T, Hayashi Y, Sshiraishi E, et al., 2012. Estrogen rescues masculinization of genetically female medaka by exposure to cortisol or high temperature [J]. Molecular Reproduction and Development, 79 (10): 719-726.

Kitano T, Takamune K, Nagahama Y, et al., 2000. Aromatase inhibitor and 17alpha-methyltestosterone cause sex-reversal from genetical females to phenotypic males and suppression of P450 aromatase gene expression in Japanese flounder (*Paralichthys olivaceus*) [J]. Molecular Reproduction and Development: Incorporating Gamete Research, 56 (1): 1-5.

Klinge C M, 2000. Estrogen receptor interaction with co-activators and co-repressors [J]. Steroids, 65: 227-251.

Kluver N, Kondo M, Herpin A, et al., 2005. Divergent expression patterns of *Sox9* duplicates in teleosts indicate a lineage specific subfunctionalization [J]. Development Genes and Evolution, 215: 297-305.

Kluver N, Pfennig F, Pala I, et al., 2007. Differential expression of anti-Mullerian hormone (*amh*) and anti-Mullerian hormone receptor type II (*amhrII*) in the teleost medaka [J]. Developmental Dynamics, 236 (1): 271-281.

Kobayashi T, Kajiura-Kobayashi H, Guan G, et al., 2008. Sexual dimorphic expression of DMRT1 and Sox9a during gonadal differentiation and hormone-induced sex reversal in the teleost fish Nile tilapia (*Oreochromis niloticus*) [J]. Developmental Dynamics, 237: 297-306.

Kobayashi Y, Nagahama Y, Nakamura M, 2013. Diversity and plasticity of sex determination and differentiation in fishes [J]. Sexual Development, 7 (1-3): 115-125.

Komatsu T, Nakamura S, Nakamura M, 2006. Masculinization of female golden rabbitfish *Siganus guttatus* using an aromatase inhibitor treatment during sex differentiation [J]. Comparative Biochemistry and Physiology Part C: Toxicology and Pharmacology, 143 (4): 402-409.

Kusakabe M, Kobayashi T, Todo T, et al., 2002. Molecular cloning and expression during spermatogenesis of a cDNA encoding testicular 11betahydroxylase (P45011beta) in rainbow trout (*Oncorhynchus mykiss*) [J]. Molecular Reproduction and Development, 62 (4): 456-469.

Kusakabe M, Nakamura I, Young G, 2003. 11beta - hydroxysteroid dehydrogenase complementary deoxyribonucleic acid in rainbow trout: cloning, sites of expression, and seasonal changes in gonads [J]. Endocrinology, 144 (6): 2534-2545.

Lam S H, Sin Y M, Gong Z, et al., 2005. Effects of thyroid hormone on the development of immune system in zebrafish [J]. General and Comparative Endocrinology, 142: 325-335.

Larsen M G, Baatrup E, 2010. Functional behavior and reproduction in androgenic sex reversed zebrafish (*Danio rerio*) [J]. Environmental Toxicology and Chemistry, 29 (8): 1828-1833.

Lau E S, Zhang Z, Qin M, et al., 2016. Knockout of Zebrafish ovarian aromatase gene (*cyp*19*a*1*a*) by TALEN and CRISPR/Cas9 leads to all - male offspring due to failed ovarian differentiation [J]. Scientific Reports, 6: 37357.

Lee K H, Yamaguchi A, Rashid H, et al., 2009. Germ cell degeneration in hightemperature treated pufferfish, *Takifugu rubripes* [J]. Sexual Development, 3 (4): 225-232.

Lee K H, Yamaguchi A, Rashid H, et al., 2009a. Estradiol - 17beta treatment induces intersexual gonadal development in the pufferfish, *Takifugu rubripes* [J]. Zoological Science, 26: 639-645.

Lee K H, Yamaguchi A, Rashid H, et al., 2009b. Germ cell degeneration in high temperature treated pufferfish, *Takifugu rubripes* [J]. Sexual development, 3: 225-232.

Lee S L J, Horsfield J A, Black M A, et al., 2017. Histological and transcriptomic effects of 17α - methyltestosterone on zebrafish gonad development [J]. BMC Genomics, 18 (1): 557.

Li M H, Yang H H, Li M R, et al., 2013. Antagonistic roles of *Dmrt*1 and *Foxl*2 in sex differentiation via estrogen production in tilapia as demonstrated by TALENs [J]. Endocrinology, 154 (12): 4814-4825.

Li M, Sun L, Wang D, 2019. Roles of estrogens in fish sexual plasticity and sex differentiation [J]. General and Comparative Endocrinology, 277: 9-16.

Li M, Sun Y, Zhao J, et al., 2015. A tandem duplicate of anti - mullerian hormone with a missense SNP on the Y chromosome is essential for male sex determination in Nile Tilapia, *Oreochromis niloticus* [J]. PLoS Genetics, 11: e1005678.

Li Q, Zhou X, Guo Y, et al., 2008. Nuclear localization, DNA binding and restricted expression in neural and germ cells of zebrafish *Dmrt3* [J]. Biology of the Cell, 100: 453 - 463.

Li S, Lin G, Fang W, et al., 2020. Gonadal transcriptome analysis of sex - related genes in the protandrous yellowfin seabream (*Acanthopagrus latus*) [J]. Frontiers in Genetics, 11: 709.

Lindeman R E, Gearhart M D, Minkina A, et al., 2015. Sexual cell - fate reprogramming in the ovary by *DMRT1* [J]. Current Biology, 25 (6): 764 - 771.

Litscher E S, Wassarman P M, 2018. The fish Egg's zona Pellucida [J]. Current Topics in Developmental Biology, 130: 275 - 305.

Liu C, Zhang X, Deng J, et al., 2011. Effects of prochloraz or propylthiouracil on the cross - talk between the HPG, HPA, and HPT axes in zebrafish [J]. Environmental Science and Technology, 45: 769 - 775.

Liu H, Todd E V, Lokman P M, et al, 2017. Sexual plasticity: a fishy tale [J]. Molecular Reproduction and Development, 84 (2): 171 - 194.

Liu S, Han C, Zhang Y, 2023. De novo assembly, characterization and comparative transcriptome analysis of gonads reveals sex - biased genes in *Coreoperca whiteheadi* [J]. Comparative Biochemistry and Physiology Part D: Genomics and Proteomics, 47: 101115.

Liu S, Xu P, Liu X, et al., 2020. Histological and sex - determining genes expression effects of 17α - methyltestosterone on mandarin fish *Siniperca chuatsi* gonad development [J]. Research Square.

Liu S, Xu P, Liu X, et al., 2021. Production of neo - male mandarin fish Siniperca chuatsi by masculinization with orally administered 17α - methyltestosterone [J]. Aquaculture, 530: 735904.

Liu Y, Chen S, Liu S, et al., 2014. DNA methylation in the 5′ flanking region of cytochrome P450 17 in adult rare minnow *Gobiocypris rarus* - Tissue difference and effects of 17α - ethinylestradiol and 17α - methyltestoterone exposures [J]. Comparative Biochemistry and Physiology Part C: Toxicology and Pharmacology, 162: 16 - 22.

Long X, Shi W, Yao C, et al., 2023. Norethindrone suppress the germ cell development via androgen receptor resulting in male bias [J]. Aquatic Toxicology, 261: 106604.

Lu H, Cui Y, Jiang L, et al., 2017. Functional analysis of nuclear estrogen receptors in zebrafish reproduction by genome editing approach [J]. Endocrinology, 158: 2292 - 2308.

Lu J, Zheng M, Zheng J, et al., 2005. Transcriptomic analyses reveal novel genes with sexually dimorphic expression in yellow catfish (*Pelteobagrus fulvidraco*) [J]. Marine

Biotechnology，17：613 - 623.

Lubzens E，Young G，Bobe J，et al.，2010. Oogenesis in teleosts：how eggs are formed [J]. General and Comparative Endocrinology，165 (3)：367 - 389.

Luckenbach J A，Iliev D B，Goetz F W，et al.，2008. Identification of differentially expressed ovarian genes during primary and early secondary oocyte growth in coho salmon，*Oncorhynchus kisutch* [J]. Reproductive Biology and Endocrinology，6：2 - 16.

Madison B N，Tavakoli S，Kramer S，et al.，2015. Chronic cortisol and the regulation of food intake and the endocrine growth axis in rainbow trout [J]. Journal of Endocrinology，226 (2)：103 - 119.

Maehiro S，Takeuchi A，Yamashita J，et al.，2014. Sexually dimorphic expression of the sex chromosome linked genes *cntfa* and *pdlim3a* in the medaka brain [J]. Biochemical and Biophysical Research Communications，445：113 - 119.

Malison J A，Garcia - Abiado M A R，1996. Sex control and ploidy manipulations in yellow perch (*Perca flavescens*) and walleye (*Stizostedion vitreum*) [J]. Journal of Applied Ichthyology，12 (3 - 4)：189 - 194.

Mank J E，Hultin - Rosenberg L，Webster M T，et al.，2008. The unique genomic properties of sex - biased genes：insights from avian microarray data [J]. BMC Genomics，9：148.

Mankiewicz J L，Godwin J，Holler B L，et al.，2013. Masculinizing effect of background color and cortisol in a flatfish with environmental sex - determination [J]. Integrative and Comparative Biology，53 (4)：755 - 765.

Manousaki T，Tsakogiannis A，Lagnel J，et al.，2014. The sex - specific transcriptome of the hermaphrodite sparid sharpsnout seabream (*Diplodus puntazzo*) [J]. BMC Genomics，15：655.

Martine - Bengochea A，Doretto L，Rosa I，et al.，2020. Effects of 17β - estradiol on early gonadal development and expression of genes implicated in sexual differentiation of a South American teleost，*Astyanax altiparanae* [J]. Comparative Biochemistry and Physiology Part B：Biochemistry and Molecular Biology，248：110467.

Martinez - Bengochea A，Doretto L，Rosa I F，et al.，2020. Effects of 17β - estradiol on early gonadal development and expression of genes implicated in sexual differentiation of a South American teleost，*Astyanax altiparanae* [J]. Comparative Biochemistry and Physiology Part B：Biochemistry and Molecular Biology，248：110467.

Matson C K，Murphy M W，Sarver A L，et al.，2011. *DMRT1* prevents female reprogramming in the postnatal mammalian testis [J]. Nature，476 (7358)：101 - 104.

Matsunaga T，Ieda R，Hosoya S，et al.，2014. An efficient molecular technique for sexing tiger pufferfish (fugu) and the occurrence of sex reversal in a hatchery population [J]. Fisheries Science，80 (5)：933 - 942.

Mazen I, El-Gammal M, Mcelreavey K, et al., 2017. Novel *AMH* and *AMHR*2 mutations in two Egyptian families with persistent mullerian duct syndrome [J]. Sexual Development, 11 (1): 29-33.

Mcclelland K, Bowles J, Koopman P, 2012. Male sex determination: insights into molecular mechanisms [J]. Asian Journal of Andrology, 14 (1): 164-171.

Miller K A, Kenter L W, Breton T S, et al., 2019. The effects of stress, cortisol administration and cortisol inhibition on black sea bass (*Centropristis striata*) sex differentiation [J]. Comparative Biochemistry and Physiology Part A: Molecular and Integrative Physiology, 227: 154-160.

Miller W L, 1988. Molecular biology of steroid hormone synthesis [J]. Endocrine Reviews, 9 (3): 295-318.

Modig C, Modesto T, Canario A, et al., 2006. Molecular characterization and expression pattern of zona pellucida proteins in gilthead seabream (*Sparus aurata*) [J]. Biology of Reproduction, 75 (5): 717-725.

Mommsen T P, Vijayan M M, Moon T W, 1999. Cortisol in teleosts: dynamics, mechanisms of action, and metabolic regulation [J]. Reviews in Fish Biology and Fisheries, 9 (3): 211-268.

Moriyama S, Kawauchi H, 2001. Growth regulation by growth hormone and insulin-like growth factor-I in teleosts [J]. Otsuchi Marine Science, 26: 23-27.

Morthorst J E, Holbech H, Bjerregaard P, 2010. Trenbolone causes irreversible masculinization of zebrafish at environmentally relevant concentrations [J]. Aquatic Toxicology, 98 (4): 336-343.

Mukhi S, Torres L, Patiño R, 2007. Effects of larval-juvenile treatment with perchlorate and co-treatment with thyroxine on zebrafish sex ratios [J]. General and Comparative Endocrinology, 150: 486-494.

Munday P L, Buston P M, Warner R R, 2006. Diversity and flexibility of sex change strategies in animals [J]. Trends in Ecology and Evolution, 21: 89-95.

Myosho T, Otake H, Masuyama H, et al., 2012. Tracing the emergence of a novel sex-determining gene in medaka, *Oryzias luzonensis* [J]. Genetics, 191: 163-170.

Nagahama Y, Chakraborty T, Paul-Prasanth B, et al., 2021. Sex determination, gonadal sex differentiation, and plasticity in vertebrate species [J]. Physiological Reviews, 101: 1237-1308.

Nagahama Y, Yamashita M, 2008. Regulation of oocyte maturation in fish [J]. Development, Growth and Differentiation, 50: S195-S219.

Nakamoto M, Shibata Y, Ohno K, et al., 2018. Ovarian aromatase loss-of-function mutant medaka undergo ovary degeneration and partial female-to-male sex reversal after puberty [J]. Molecular and Cellular Endocrinology, 460: 104-122.

Nakamoto M, Suzuki A, Matsuda M, et al., 2005. Testicular type Sox9 is not involved in sex determination but might be in the development of testicular structures in the medaka, *Oryzias latipes* [J]. Biochemical and Biophysical Research Communication, 333: 729-736.

Nakamoto M, Wang D S, Suzuki A, et al., 2007. *Dax1* suppresses P450arom expression in medaka ovarian follicles [J]. Molecular Reproduction and Development, 74: 1239-1246.

Nakamura M, 1975. Dosage - dependent changes in the effect of oral administration of methyltestosterone on gonadal sex differentiation in *Tilapia mossambica* [J]. Bulletin of the Faculty of Fisheries Hokkaido University, 26 (2): 99-108.

Nakamura M, Iwahashi M, 1982. Studies on the practical masculinization in *Tilapia nilotica* by the oral administrator of androgen (hormone, diets) [J]. Bulletin - Japanese Society of Scientific Fisheries, 48 (6): 763-769.

Nakamura M, Kobayashi T, Chang X T, et al., 1998. Gonadal sex differentiation in teleost fish [J]. The Journal of Experimental Zoology, 281 (5): 362-372.

Nakane Y, Ikegami K, Ono H, et al., 2010. A mammalian neural tissue opsin (Opsin 5) is a deep brain photoreceptor in birds [J]. Proceedings of the National Academy of Sciences United States of America, 107: 15264-15268.

Narvekar N, Cameron S, Critchley H O, et al., 2004. Low - dose mifepristone inhibits endometrial proliferation and up - regulates androgen receptor [J]. The Journal of Clinical Endocrinology and Metabolism, 89 (5): 2491-2497.

Navarro - Martin L, Blazquez M, Piferrer F, 2009. Masculinization of the European sea bass (*Dicentrarchus labrax*) by treatment with an androgen or aromatase inhibitor involves different gene expression and has distinct lasting effects on maturation [J]. General and Comparative Endocrinology, 160 (1): 3-11.

Nelson D R, Koymans L, Kamataki T, et al., 1996. P450 superfamily: update on new sequences, gene mapping, accession numbers and nomenclature [J]. Pharmacogenetics, 6: 1-42.

Newfeld S J, Wisotzkey R G, KumarS, 1999. Molecular revolution of a developmental pathway: phylogenetic analyses of transforming growth factor - beta family ligands [J]. Genetics, 152: 783-795.

Nozu R, Nakamura M, 2015. Cortisol administration induces sex change from ovary to testis in the protogynous wrasse, *Halichoeres trimaculatus* [J]. Sexual Development, 9 (2): 118-124.

Oakes J A, Barnard L, Storbeck K H, et al., 2020. 11β - Hydroxylase loss disrupts steroidogenesis and reproductive function in zebrafish [J]. Journal of Endocrinology, 247 (2): 197-212.

Ohgami H, Suzuki Y, 1982. The influence of rearing condition on survival and cannibalism on fingerlings of tiger puffer (*Takifugu rubripes*) [J]. Bulletin of the Shizuoka Prefectural

Fisheries Experiment Station (Japan), 16: 79 - 85.

Oliver J, Bayle J D, 1982. Brain photoreceptors for the photoinduced testicular response in birds [J]. Experientia, 38: 1020 - 1029.

Orn S, Holbech H, Madsen T H, et al., 2003. Gonad development and vitellogenin production in zebrafish (*Danio rerio*) exposed to ethinylestradiol and methyltestosterone [J]. Aquatic Toxicology, 65 (4): 397 - 411.

Orn S, Yamani S, Norrgren L, 2006. Comparison of vitellogenin induction, sex ratio, and gonad morphology between zebrafish and Japanese medaka after exposure to 17alpha - ethinylestradiol and 17betatrenbolone [J]. Archives of Environmental Contamination and Toxicology, 51 (2): 237 - 243.

Ortega - Recalde O, Goikoetxea A, Hore T A, et al., 2020. The genetics and epigenetics of sex change in Fish [J]. Annual Review of Animal Biosciences, 8 (1): 47 - 69.

Ou M, Chen K, Gao D, et al., 2022. Characterization, expression and CpG methylation analysis of *Dmrt1* and its response to steroid hormone in blotched snakehead (*Channa maculata*) [J]. Comparative Biochemistry and Physiology Part B: Biochemistry and Molecular Biology, 257: 110672.

Pan Z J, Li X Y, Zhou F J, et al., 2015. Identification of sex - specific markers reveals male heterogametic sex determination in *Pseudobagrus ussuriensis* [J]. Marine Biotechnology, 17 (4): 441 - 451.

Pandian T J, Kirankumar S, 2003. Recent advances in hormonal induction of sex reversal in fish [J]. Journal of Applied Aquaculture, 13 (3 - 4): 205 - 230.

Pandian T J, Sheela S G, 1995. Hormonal induction of sex reversal in fish [J]. Aquaculture, 138 (1): 1 - 22.

Pangas S A, Woodruff T K, 2000. Activin signal transduction pathways [J]. Trends in Endocrinology and Metabolism, 11: 309 - 314.

Panno M L, Beraldi E, Pezzi V, et al., 1994. Influence of thyroid hormone on androgen metabolism in peripuberal rat sertoli cells [J]. Journal of Endocrinology, 140: 349 - 355.

Panno M L, Sisci D, Salerno M, et al., 1996. Thyroid hormone modulates androgen and oestrogen receptor content in the sertoli cells of peripubertal rats [J]. Journal of Endocrinology, 148: 43 - 50.

Parhar I S, Tosaki H, Sakuma Y, et al., 2001. Sex differences in the brain of goldfish: gonadotropin - releasing hormone and vasotocinergic neurons [J]. Neuroscience, 104: 1099 - 1110.

Passini G, Sterzelecki F C, de Carvalho C V A, et al., 2018. 17α - Methyltestosterone implants accelerate spermatogenesis in common snook, *Centropomus undecimalis*, during first sexual maturation [J]. Theriogenology, 106: 134 - 140.

Paul - Prasanth B, Bhandari R K, Kobayashi T, et al, 2013. Estrogen oversees the maintenance of the female genetic program in terminally differentiated gonochorists [J]. Scientific Reports, 3 (1): 2862.

Payne A H, Hales D B, 2004. Overview of steroidogenic enzymes in the pathway from cholesterol to active steroid hormones [J]. Endocrine Reviews, 25 (6): 947 - 970.

Perry A N, Grober M S, 2003. A model for social control of sex change: interactions of behavior, neuropeptides, glucocorticoids, and sex steroids [J]. Hormones and Behavior, 43 (1): 31 - 38.

Peterson B C, Small B C, 2005. Effects of exogenous cortisol on the GH/IGF - I/IGFBP network in channel catfish [J]. Domestic Animal Endocrinology, 28 (4): 391 - 404.

Pfennig F, Standke A, Gutzeit H O, 2015. The role of *Amh* signaling in teleost fish - multiple functions not restricted to the gonads [J]. General and Comparative Endocrinology, 223: 87 - 107.

Phelps R P, Okoko M, 2011. A non - paradoxical dose response to 17α - methyltestosterone by Nile tilapia *Oreochromis niloticus* (L.): effects on the sex ratio, growth and gonadal development [J]. Aquaculture Research, 42 (4): 549 - 58.

Philip A M, Vijayan M M, 2015. Stress - immune - growth interactions: cortisol modulates suppressors of cytokine signaling and JAK/STAT pathway in rainbow trout liver [J]. PLoS One, 10 (6): e0129299.

Picard M A, Cosseau C, Mouahid G, et al., 2015. The roles of *Dmrt* (double sex/ male - abnormal - 3 related transcription factor) genes in sex determination and differentiation mechanisms: ubiquity and diversity across the animal kingdom [J]. Comptes Rendus Biologies, 338: 451 - 462.

Piferrer F, 2001. Endocrine sex control strategies for the feminization of teleost fish [J]. Aquaculture, 197 (1 - 4): 229 - 281.

Piferrer F, Baker I J, Donaldson E M, 1993. Effects of natural, synthetic, aromatizable, and nonaromatizable androgens in inducing male sex differentiation in genotypic female chinook salmon (*Oncorhynchus tshawytscha*) [J]. General and Comparative Endocrinology, 91 (1): 59 - 65.

Piferrer F, Zanuy S, Carrillo M, et al., 1994. Brief treatment with an aromatase inhibitor during sex differentiation causes chromosomally female salmon to develop as normal, functional males [J]. Journal of Experimental Zoology, 270: 255 - 262.

Poonlaphdecha S, Pepey E, Canonne M, et al., 2013. Temperature induced - masculinisation in the Nile tilapia causes rapid up - regulation of both *dmrt*1 and *amh* expressions [J]. General and Comparative Endocrinology, 193: 234 - 242.

Poprek R P, 2009. Molecular mechanisms underlying female sex determination - antagonism between female and male pathway [J]. Folia Biologica (Kraków), 57 (3 - 4): 105 - 113.

Qiu W, Zhu Y, Wu Y, et al., 2018. Identification and expression analysis of microRNAs in medaka gonads [J]. Gene, 646: 210 - 216.

Rajakumar A, Senthilkumaran B, 2020. Steroidogenesis and its regulation in teleost - a review [J]. Fish Physiology and Biochemistry, 46: 803 - 818.

Rashid H, Kitano H, Lee K H, et al., 2007. Fugu (*Takifugu rubripes*) sexual differentiation: *CYP19* regulation and aromatase inhibitor induced testicular development [J]. Sexual Development, 1 (5): 311 - 322.

Reichwald K, Petzold A, Koch P, et al., 2015. Insights into sex chromosome evolution and aging from the genome of a short - lived fish [J]. Cell, 163: 1527 - 1538.

Ren Y, Zhou Q, Liu Y X, et al., 2018. Effects of estradiol - 17β on survival, growth performance, gonadal structure and sex ratio of the tiger puffer, *Takifugu rubripes* (Temminck and Schlegel, 1850), fingerlings [J]. Aquaculture Research, 49 (4): 1638 - 1646.

Ribas L, Pardo B G, Fernández C, et al., 2013. A combined strategy involving sanger and 454 pyrosequencing increases genomic resources to aid in the management of reproduction, disease control and genetic selection in the turbot (*Scophthalmus maximus*) [J]. BMC Genomics, 14: 180.

Ribas L, Valdivieso A, Díaz N, et al., 2017. Appropriate rearing density in domesticated zebrafish to avoid masculinization: links with the stress response [J]. Journal of Experimental Biology, 220 (6): 1056 - 1064.

Roncarati A, Melotti P, Mordenti O, et al., 1997. Influence of stocking density of European eel (*Anguilla anguilla*, L.) elvers on sex differentiation and zootechnical performances [J]. Journal of Applied Ichthyology, 13 (3): 131 - 136.

Rønnestad I, Gomes A S, Murashita K, et al., 2017. Appetite - controlling endocrine systems in teleosts [J]. Frontiers in Endocrinology, 8: 73.

Ruf J, Carayon P, 2006. Structural and functional aspects of thyroid peroxidase [J]. Arch Biochem Biophys, 445: 269 - 277.

Ruzzante D E, 1994. Domestication effects on aggressive and schooling behavior in fish [J]. Aquaculture, 120: 0 - 24.

Saillant E, Fostier A, Haffray P, et al., 2003. Effects of rearing density, size grading and parental factors on sex ratios of the sea bass (*Dicentrarchus labrax* L.) in intensive aquaculture [J]. Aquaculture, 221 (1 - 4): 183 - 206.

Saillant E, Fostier A, Menu B, et al., 2001. Sexual growth dimorphism in sea bass *Dicentrarchus labrax* [J]. Aquaculture, 202 (3 - 4): 371 - 387.

Salem M, Rexroad C E, Wang J, et al., 2010. Characterization of the rainbow trout transcriptome using sanger and 454 - pyrosequencing approaches [J]. BMC Genomics, 11: 564.

Sambroni E, Gutieres S, Cauty C, et al., 2001. Type II iodothyronine deiodinase is preferentially expressed in rainbow trout (*oncorhynchus mykiss*) liver and gonads [J]. Molecular Reproduction and Development: Incorporating Gamete Research, 60: 338-350.

Sampath-Kumar R, Yu M, Khalil M, et al., 1997. Metyrapone is a competitive inhibitor of 11β-hydroxysteroid dehydrogenase type 1 reductase [J]. The Journal of Steroid Biochemistry and Molecular Biology, 62 (2-3): 195-199.

Santos E M, Kille P, Workman V L, et al., 2008. Sexually dimorphic gene expression in the brains of mature zebrafish [J]. Comparative Biochemistry and Physiology Part A: Molecular and Integrative Physiology, 149: 314-324.

Sawatari E, Shikina S, Takeuchi T, et al., 2007. A novel transforming growth factor-beta superfamily member expressed in gonadal somatic cells enhances primordial germ cell and spermatogonial proliferation in rainbow trout (*Oncorhynchns mykiss*) [J]. Developmental Biology, 301: 266-275.

Schjolden J, Schiöth H B, Larhammar D, et al., 2009. Melanocortin peptides affect the motivation to feed in rainbow trout (*Oncorhynchus mykiss*) [J]. General and Comparative Endocrinology, 160 (2): 134-138.

Schumacher M, Robel P, Baulieu E E, 1996. Development and regeneration of the nervous system: a role for neurosteroids [J]. Development Neuroscience, 18: 6-21.

Seki M, Yokota H, Matsubara H, et al., 2004. Fish full life-cycle testing for androgen m ethyltestosterone on medaka (*Oryzias latipes*) [J]. Environmental Toxicology and Chemistry, 23 (3): 774-781.

Sekido R, Lovell-Badge R, 2008. Sex determination involves synergistic action of SRY and SF1 on a specific *Sox*9 enhancer [J]. Nature, 453: 930-934.

Sellars M J, Trewin C, Mcwilliam S M, et al., 2015. Transcriptome profiles of *Penaeus* (*Marsupenaeus*) *japonicus* animal and vegetal half-embryos: identification of sex determination, germ line, mesoderm, and other developmental genes [J]. Marine Biotechnology, 17: 252-265.

Shafi M, Wang Y, Zhou X, et al., 2013. Isolation and expression analysis of FTZ-F1 encoding gene of black rock fish (*Sebastes schlegelii*) [J]. Journal of Ocean University of China, 12: 183-189.

Sharma P, Patiño R, 2013. Regulation of gonadal sex ratios and pubertal development by the thyroid endocrine system in zebrafish (*Danio rerio*) [J]. General and Comparative Endocrinology, 184: 111-119.

Sharma P, Tang S, Mayer G D, et al., 2016. Effects of thyroid endocrine manipulation on sex-related gene expression and population sex ratios in Zebrafish [J]. General and Comparative Endocrinology, 235: 38-47.

Shi Y, Liu X, Zhang H, et al., 2012. Molecular identification of an androgen receptor and its changes in mRNA levels during 17α-methyltestosterone-induced sex reversal in the orange - spotted grouper *Epinephelus coioides* [J]. Comparative Biochemistry and Physiology Part B: Biochemistry and Molecular Biology, 163 (1): 43 - 50.

Shi Y, Massagué J, 2003. Mechanisms of TGF - beta signaling from cell membrane to the nucleus [J]. Cell, 113: 685 - 700.

Shibata Y, Paul - Prasanth B, Suzuki A, et al., 2010. Expression of gonadal soma derived factor (*GSDF*) is spatially and temporally correlated with early testicular differentiation in medaka [J]. Gene Expression Patterns, 10 (6): 283 - 289.

Shu C, Wang L, Zou C, et al., 2022. Function of *Foxl2* and *Dmrt1* proteins during gonadal differentiation in the olive flounder *Paralichthys olivaceus* [J]. International Journal of Biological Macromolecules, 215: 141 - 154.

Siopes T D, Wilson W O, 1974. Extraocular modification of photoreception in intact and pinealectomized coturnix [J]. Poultry Science, 53: 2035 - 2041.

Slayden O D, Nayak N R, Burton K A, et al., 2001. Progesterone antagonists increase androgen receptor expression in the rhesus macaque and human endometrium [J]. The Journal of Clinical Endocrinology and Metabolism, 86 (6): 2668 - 2679.

Small B C, Murdock C A, Waldbiester G C, et al., 2006. Reduction in channel catfish hepatic growth hormone receptor expression in response to food deprivation and exogenous cortisol [J]. Domestic Animal Endocrinology, 31 (4): 340 - 356.

Smith C A, Roeszler K N, Ohnesorg T, et al., 2009. The avian Z - linked gene *DMRT*1 is required for male sex determination in the chicken [J]. Nature, 461 (7261): 267 - 271.

Smith C, Reay P, 1991. Cannibalism in Teleost Fish [J]. Reviews in fish biology and fisheries, 1: 41 - 64.

Solomon - Lane T K, Crespi E J, Grober M S, 2013. Stress and serial adult metamorphosis: multiple roles for the stress axis in socially regulated sex change [J]. Frontiers in Neuroscience, 7: 210.

Sone K, Hinago M, Itamoto M, et al., 2005. Effects of an androgenic growth promoter 17beta - trenbolone on masculinization of Mosquitofish (*Gambusia affinis* affinis) [J]. General and Comparative Endocrinology, 143 (2): 151 - 160.

Sreenivasan R, Cai M, Bartfai R, et al., 2008. Transcriptomic analyses reveal novel genes with sexually dimorphic expression in the zebrafish gonad and brain [J]. PLoS One, 3: e1791.

Strüssmann C A, Saito T, Usui M, et al., 1997. Thermal thresholds and critical period of thermolabile sex determination in two atherinid fishes, *Odontesthes bonariensis* and *Patagonina hatcheri* [J]. Journal of Experimental Zoology, 278 (3): 167 - 177.

Sun F, Liu S, Gao X, et al., 2013. Malebiased genes in catfish as revealed by RNA - Seq analysis of the testis transcriptome [J]. PLoS One, 8 (7): e68452.

Sun L N, Jiang X L, Xie Q P, et al., 2014. Transdifferentiation of differentiated ovary into functional testis by long - term treatment of aromatase inhibitor in Nile tilapia [J]. Endocrinology, 155 (4): 1476 - 1488.

Sun L X, Wang Y Y, Zhao Y, et al., 2016. Global DNA methylation changes in Nile Tilapia gonads during high temperature - induced masculinization [J]. PLoS One, 11 (8): e0158483.

Sun L, Wang C, Huang L, et al.. 2012. Transcriptome analysis of male and female *Sebastiscus marmoratus* [J]. PLoS One, 6 (4): e50676.

Sun S, Cai J, Tao W, et al., 2018. Comparative transcriptome profiling and characterization of gene expression for ovarian differentiation under RU486 treatment [J]. General and Comparative Endocrinology, 261: 166 - 173.

Suzuki A, Tanaka M, Shibata N, et al., 2004. Expression of aromatase mRNA and effects of aromatase inhibitor during ovarian development in the medaka, *Oryzias latipes* [J]. Journal of Experimental Zoology. Part A, Comparative Experimental Biology, 301: 266 - 273.

Suzuki A, Tsuda M, Saga Y, 2007. Functional redundancy among Nanos proteins and a distinct role of *Nanos*2 during male germ cell development [J]. Development, 134 (1): 77 - 83.

Suzuki N, Okada K, Kamiya N, 1995. Organogenesis and behavioral changes during development of laboratory - reared tiger puffer, *Takifugu rubripes* [J]. Aquaculture Science, 43: 461 - 474.

Takatsu K, Miyaoku K, Roy S R, et al., 2013. Induction of female - to - male sex change in adult zebrafish by aromatase inhibitor treatment [J]. Scientific Reports, 3: 3400.

Takele A A, Vandesompele J, Thas O, 2020. On the utility of RNA sample pooling to optimize cost and statistical power in RNA sequencing experiments [J]. BMC Genomics, 21: 312.

Takumi K, Iijima N, Higo S, et al., 2012. Immunohistochemical analysis of the colocalization of corticotropin - releasing hormone receptor and glucocorticoid receptor in kisspeptin neurons in the hypothalamus of female rats [J]. Neuroscience Letters, 531 (1): 40 - 45.

Tang R, Zhu Y, Gan W, et al., 2022. De novo transcriptome analysis of gonads reveals the sex - associated genes in Chinese hook snout carp *Opsariichthys bidens* [J]. Aquaculture Reports, 23: 101068.

Tao W, Yuan J, Zhou L, et al., 2013. Characterization of gonadal transcriptomes from Nile tilapia (*Oreochromis niloticus*) reveals differentially expressed genes [J]. PLoS One, 8 (5): e63604.

Tarttelin E E, Bellingham J, Hankins M W, et al., 2003. Neuropsin (Opn5): a novel opsin identified in mammalian neural tissue [J]. FEBS Letters, 554: 410 - 416.

Thresher R, Gurney R, Canning M, 2011. Effects of lifetime chemical inhibition of aromatase on the sexual differentiation, sperm characteristics and fertility of medaka (*Oryzias latipes*) and zebrafish (*Danio rerio*) [J]. Aquatic Toxicology, 105 (3-4): 355-360.

Todd E V, Liu H, Muncaster S, et al., 2016. Bending genders: the biology of natural sex change in Fish [J]. Sexual Development, 10 (5-6): 223-241.

Tokarz J, Möller G, Angelis M H D, et al., 2015. Steroids in teleost fishes: A functional point of view [J]. Steroids, 103: 123-144.

Tovo-Neto A, da Silva Rodrigues M, Habibi H R, et al., 2018. Thyroid hormone actions on male reproductive system of teleost fish [J]. General and Comparative Endocrinology, 265: 230-236.

Truss M, Chalepakis G, Piña B et al., 1992. Transcriptional control by steroid hormones [J]. Journal of Steroid Biochemistry and Molecular Biology, 41: 241-248.

Tsuda M, Sasaoka Y, Kiso M, et al., 2003. Conserved role of nanos proteins in germ cell development [J]. Science, 301 (5637): 1239-1241.

Uchida D, Yamashita M, Kitano T, et al., 2004. An aromatase inhibitor or high water temperature induce oocyte apoptosis and depletion of P450 aromatase activity in the gonads of genetic female zebrafish during sex-reversal [J]. Comparative Biochemistry and Physiology Part A: Molecular and Integrative Physiology, 137 (1): 11-20.

Uhlenhaut N H, Jakob S, Anlag K, et al., 2009. Somatic sex reprogramming of adult ovaries to testes by *FOXL2* ablation [J]. Cell, 139 (6): 1130-1142.

Ulc A, Gottschling C, Schäfer I, et al., 2017. Involvement of the guanine nucleotide exchange factor Vav3 in central nervous system development and plasticity [J]. Chemistry and Biology, 398: 663-675.

Urbatzka R, Rocha E, Reis B, et al., 2012. Effects of ethinylestradiol and of an environmentally relevant mixture of xenoestrogens on steroidogenic gene expression and specific transcription factors in zebrafish [J]. Environmental Pollution, 164: 28-35.

Van Den Hurk R, Van Oordt P, 1985. Effects of natural androgens and corticosteroids on gonad differentiation in the rainbow trout, *Salmo gairdneri* [J]. General and Comparative Endocrinology, 57 (2): 216-222.

Vargas-Chacoff L, Regish A M, Weinstock A, et al., 2021. Effects of long-term cortisol treatment on growth and osmoregulation of Atlantic salmon and brook trout [J]. General and Comparative Endocrinology, 308: 113769.

Vizziano D, Baron D, Randuineau G, et al., 2008. Rainbow trout gonadal masculinization induced by inhibition of estrogen synthesis is more physiological than masculinization induced by androgen supplementation [J]. Biology of Reproduction, 78 (5): 939-946.

Vizziano D, Randuineau G, Baron D, et al., 2007. Characterization of early molecular sex differentiation in rainbow trout, *Oncorhynchus mykiss* [J]. Developmental Dynamics, 236: 2198 - 2206.

Vizziano - Cantonnet D, Anglade I, Pellegrini E et al., 2001. Sexual dimorphism in the brain aromatase expression and activity, and in the central expression of other steroidogenic enzymes during the period of sex differentiation in monosex rainbow trout populations [J]. General and Comparative Endocrinology, 170: 346 - 355.

Vizziano - Cantonnet D, Baron D, Mahe S, et al., 2008. Estrogen treatment up - regulates female genes but does not suppress all early testicular markers during rainbow trout male - to - female gonadal transdifferentiation [J]. Journal of Molecular Endocrinology, 41 (5): 277 - 288.

Volff J N, Zarkower D, Bardwell V J, et al., 2003. Evolutionary dynamics of the DM domain gene family in metazoans [J]. Journal of Molecular Evolution, 57: S241 - S249.

Wagner M S, Wajner S M, Maia A L, 2008. The role of thyroid hormone in testicular development and function [J]. Journal of Endocrinology, 199: 351 - 365.

Wang C, Lehmann R, 1991. Nanos is the localized posterior determinant in Drosophila [J]. Cell, 66 (4): 637 - 647.

Wang D S, Kobayashi T, Zhou L Y, et al., 2007. *Foxl2* up - regulates aromatase gene transcription in a female - specific manner by binding to the promoter as well as interacting with ad4 binding protein/steroidogenic factor 1 [J]. Molecular Endocrinology, 21 (3): 712 - 725.

Wang D S, Zhou L Y, Kobayashi T, et al., 2010. Doublesex - and Mab - 3 - related transcription factor - 1 repression of aromatase transcription, a possible mechanism favoring the male pathway in tilapia [J]. Endocrinology, 151 (3): 1331 - 1340.

Wang D S, Zhou L Y, Kobayashi T, et al., 2010. Doublesex - and mab - 3 - related transcription factor - 1 repression of aromatase transcription, a possible mechanism favoring the male pathway in tilapia [J]. Endocrinology, 151: 1331 - 1340.

Wang L, You F, Weng S, et al., 2015. Molecular cloning and sexually dimorphic expression patterns of *nr0b1*, and *nr5a2*, in olive flounder, *Paralichthys olivaceus* [J]. Development Genes and Evolution, 225: 95 - 104.

Wang M, Chen L, Zhou Z, et al., 2023. Comparative transcriptome analysis of early sexual differentiation in the male and female gonads of common carp (*Cyprinus carpio*) [J]. Aquaculture, 563: 738984.

Wang P, Zheng M, Liu J, et al., 2016. Sexually dimorphic gene expression associated with growth and reproduction of tongue sole (*Cynoglossus semilaevis*) revealed by brain transcriptome analysis [J]. International Journal of Molecular Sciences, 17: 1402.

Wang Q, Liu K, Feng B, et al.. 2019. Transcriptome of gonads from high temperature induced sex reversal during sex determination and differentiation in Chinese Tongue Sole,

Cynoglossus semilaevis [J]. Frontiers in Genetics, 10: 1128.

Wang X G, Orban L, 2007. Anti - Müllerian hormone and 11 beta - hydroxylase show reciprocal expression to that of aromatase in the transforming gonad of zebrafish males [J]. Developmental Dynamics, 236 (5): 1329 - 1338.

Watanabe M, Tanaka M, Kobayashi D, et al., 1999. Medaka (*Oryzias latipes*) FTZ - F1 potentially regulates the transcription of P450 aromatase in ovarian follicles: cDNA cloning and functional characterization [J]. Molecular and Cellular Endocrinology, 149: 221 - 228.

Webster K A, Schach U, Ordaz A, et al., 2017. *Dmrt*1 is necessary for male sexual development in zebrafish [J]. Developmental Biology, 422 (1): 33 - 46.

Wexler J R, Plachetzki D C, Kopp A, 2014. Pan - metazoan phylogeny of the *DMRT* gene family: a framework for functional studies [J]. Development Genes Evolution, 224: 175 - 181.

Winkler C, Hornung U, Kondo M, et al., 2004. Developmentally regulated and non - sex specific expression of autosomal dmrt genes in embryos of the medaka fish (*Oryzias latipes*) [J]. Mechanisms of Development, 121: 997 - 1005.

Wu G C, Tomy S, Nakamura M, et al., 2008. Dual roles of cyp19a1a in gonadal sex differentiation and development in the protandrous black porgy, *Acanthopagrus schlegeli* [J]. Biology of Reproduction, 79: 1111 - 1120.

Xu D D, Shen K N, Fan Z F, et al., 2016. The testis and ovary transcriptomes of the rock bream (*Oplegnathus fasciatus*): a bony fish with a unique neo Y chromosome [J]. Genomic Data, 7: 210 - 213.

Xu D, Lou B, Xu H, et al., 2013. Isolation and characterization of male - specific DNA markers in the rock bream *Oplegnathus fasciatus* [J]. Marine Biotechnology, 15: 221 - 229.

Xu D, Yang F, Chen R, et al., 2018. Production of ne - males from gynogenetic yellow drum through 17α - methyltestosterone immersion and subsequent application for the establishment of all - female populations [J]. Aquaculture, 489: 154 - 161.

Xu J, Burgoyne P S, Arnold A P, 2002. Sex differences in sex chromosome gene expression in mouse brain [J]. Human Molecular Genetics, 11: 1409 - 1419.

Xu J, Deng X, Watkins R, et al., 2008. Sex - specific differences in expression of histone demethylases Utx and Uty in mouse brain and neurons [J]. Journal of Neuroscience, 28: 4521 - 4527.

Xu W, Cui Z, Wang N, et al., 2021. Transcriptomic analysis revealed gene expression profiles during the sex differentiation of Chinese tongue sole (*Cynoglossus semilaevis*) [J]. Comparative Biochemistry and Physiology Part D: Genomics and Proteomics, 40: 100919.

Yamaguchi A, Lee K H, Fujimoto H, et al., 2006. Expression of the DMRT gene and its roles in early gonadal development of the Japanese pufferfish *Takifugu rubripes* [J]. Comparative Biochemistry and Physiology Part D: Genomics and Proteomics, 1: 59 - 68.

Yamaguchi T, Kitano T, 2012. High temperature induces *cyp26b1* mRNA expression and delays meiotic initiation of germ cells by increasing cortisol levels during gonadal sex differentiation in Japanese flounder [J]. Biochemical and Biophysical Research Communications, 419 (2): 287 - 292.

Yamaguchi T, Yamaguchi S, Hirai T, et al., 2007. Follicle stimulating hormone signaling and *Foxl2* are involved in transcriptional regulation of aromatase gene during gonadal sex differentiation in *Japanese flounder*, *Paralichthys olivaceus* [J]. Biochemical and Biophysical Research Communications, 359 (4): 935 - 940.

Yamaguchi T, Yoshinaga N, Yazawa T, et al., 2010. Cortisol is involved in temperature - dependent sex determination in the Japanese Flounder [J]. Endocrinology, 151: 3900 - 3908.

Yamamoto T O. 1953. Artificially induced sex - reversal in genotypic males of the medaka (*Oryzias latipes*) [J]. Journal of Experimental Zoology, 123 (3): 571 - 94.

Yamamoto T, 1958. Artificial induction of functional sex - reversal in genotypic females of the medaka (*Oryzias latipes*) [J]. Journal of Experimental Zoology, 137: 227 - 263.

Yang X, Schadt E E, Wang S, et al., 2006. Tissue - specific expression and regulation of sexually dimorphic genes in mice [J]. Genome Research, 16: 995 - 1004.

Yang Y J, Wang Y, Li Z, et al., 2017. Sequential, divergent, and cooperative requirements of *Foxl2a* and *Foxl2b* in ovary development and maintenance of zebrafish [J]. Genetics, 205 (4): 1551 - 1572.

Yano A, Nicol B, Jouanno E, et al., 2014. Heritable targeted inactivation of the rainbow trout (*Oncorhynchus mykiss*) master sex determining gene using zinc - finger nucleases [J]. Marine Biotechnology, 16: 243 - 250.

Yokoi H, Kobayashi T, Tanaka M, et al., 2002. *Sox9* in a teleost fish, medaka (*Oryzias latipes*): evidence for diversified function of *Sox9* in gonad differentiation [J]. Molecular Reproduction and Development, 63: 5 - 16.

Yoshiura Y, Senthilkumaran B, Watanabe M, et al., 2003. Synergistic expression of Ad4BP/SF - 1 and cytochrome P - 450 aromatase (ovarian type) in the ovary of Nile tilapia, *Oreochromis niloticus*, during vitellogenesis suggests transcriptional interaction [J]. Reproductive Biology, 68: 1545 - 1553.

Young G, Lokman P M, Kusakabe M, et al, 2005. Gonadal steroidogenesis in teleost fish [J]. Molecular Aspects of Fish and Marine Biology, 2: 155e223.

Yu K L, Rosenblum P, Peter R, 1991. In vitro release of gonadotropin - releasing hormone from the brain preoptic - anterior hypothalamic region and pituitary of female goldfish [J]. General and Comparative Endocrinology, 81 (2): 256 - 267.

Zarkower D，2013. DMRT genes in vertebrate gametogenesis [J]. Current Topics in Developmental Biology，102：327－356.

Zhang W，Li X，Zhang Y，et al.，2004. cDNA cloning and mRNA expression of a FTZ－F1 homologue from the pituitary of the orange－spotted grouper，*Epinephelus coioides* [J]. Journal of Experimental Zoology Part A：Comparative Experimental Biology，301：691－699.

Zhang X，Guan G，Li M，et al.，2016. Autosomal *gsdf* acts as a male sex initiator in the fish medaka [J]. Scientific Reports，6 (1)：19738.

Zhang X，Li M，Ma H，et al.，2017. Mutation of *foxl2* or *cyp19a1a* results in female to male sex reversal in XX Nile Tilapia [J]. Endocrinology，158 (8)：2634－2647.

Zhang Z P，Wang Y L，Wang S H，et al.，2011. Transcriptome analysis of female and male *Xiphophorus maculatus* Jp163a [J]. PLoS One，6：e18379.

Zhang Z，Lau S W，Zhang L，et al.，2015a. Disruption of zebrafish follicle－stimulating hormone receptor (*fshr*) but not luteinizing hormone receptor (*lhcgr*) gene by TALEN leads to failed follicle activation in females followed by sexual reversal to males [J]. Endocrinology，156：3747－3762.

Zhang Z，Zhu B，Ge W，2015b. Genetic analysis of zebrafish gonadotropin (FSH and LH) functions by TALEN－mediated gene disruption [J]. Molecular and Endocrinology，29：76－98.

Zheng Q，Xiao H，Sshi H，et al.，2020. Loss of *Cyp11c1* causes delayed spermatogenesis due to the absence of 11－ketotestosterone [J]. Journal of Endocrinology，244 (3)：487－499.

Zhong Z，Ao L，Wang Y，et al.，2021. Comparison of differential expression genes in ovaries and testes of Pearlscale angelfish *Centropyge vrolikii* based on RNA－Seq analysis [J]. Fish Physiology and Biochemistry，47 (5)：1565－1583.

Zhou L，Li M，Wang D J G，et al.，2021. Role of sex steroids in fish sex determination and differentiation as revealed by gene editing [J]. General and Comparative Endocrinology，313：113893.

Zhou L，Luo F，Fang X，et al.，2016. Blockage of progestin physiology disrupts ovarian differentiation in XX Nile tilapia (*Oreochromis niloticus*) [J]. Biochemical and Biophysical Research Communications，473 (1)：29－34.

Zhou R，Liu L，Guo Y，et al.，2003. Similar gene structure of two *Sox9a* genes and their expression patterns during gonadal differentiation in a teleost fish，rice field eel (*Monopterus albus*) [J]. Molecular Reproduction and Development，66：211－217.

Zhu L，Wilken J，Phillips N B，et al.，2000. Sexual dimorphism in diverse metazoans is regulated by a novel class of intertwined zinc fingers [J]. Genes and Development，14：1750－1764.

Zhu Y，Wang C，Chen X，et al.，2016. Identification of gonadal soma－derived factor involvement in *Monopterus albus* (protogynous rice field eel) sex change [J]. Molecular Biology Reports, 43: 629 - 637.

Zucchini S, Castigation S, Bent K, 2012. Progestins and antiprogestins affect gene expression in early development in zebrafish (*Danio rerio*) at environmental concentrations [J]. Environmental Science and Technology, 46 (9): 5183 - 5192.

图书在版编目（CIP）数据

红鳍东方鲀的性别分化及性别控制机制研究 / 闫红伟著. -- 北京 ：中国农业出版社，2025. 6. -- ISBN 978-7-109-33296-6

Ⅰ. Q959.489

中国国家版本馆 CIP 数据核字第 20250X9X06 号

红鳍东方鲀的性别分化及性别控制机制研究

HONGQI DONGFANGTUN DE XINGBIE FENHUA JI XINGBIE KONGZHI JIZHI YANJIU

中国农业出版社出版

地址：北京市朝阳区麦子店街 18 号楼

邮编：100125

策划编辑：王金环

责任编辑：肖　邦

版式设计：杨　婧　　责任校对：吴丽婷

印刷：北京通州皇家印刷厂

版次：2025 年 6 月第 1 版

印次：2025 年 6 月北京第 1 次印刷

发行：新华书店北京发行所

开本：700mm×1000mm　1/16

印张：10　　插页：4

字数：200 千字

定价：100.00 元

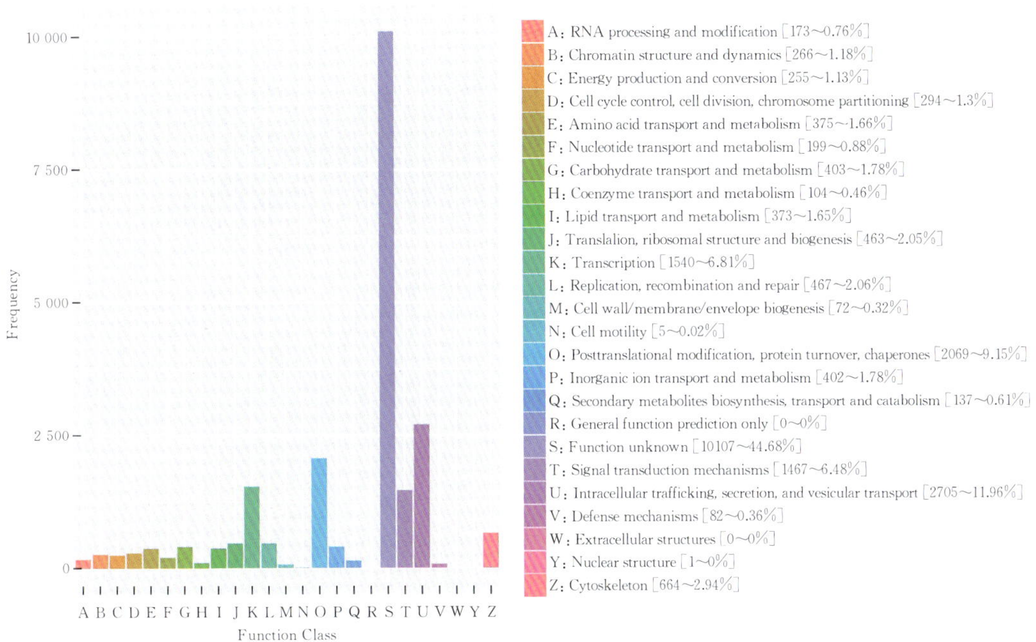

图 1-3　EggNOG 分析结果

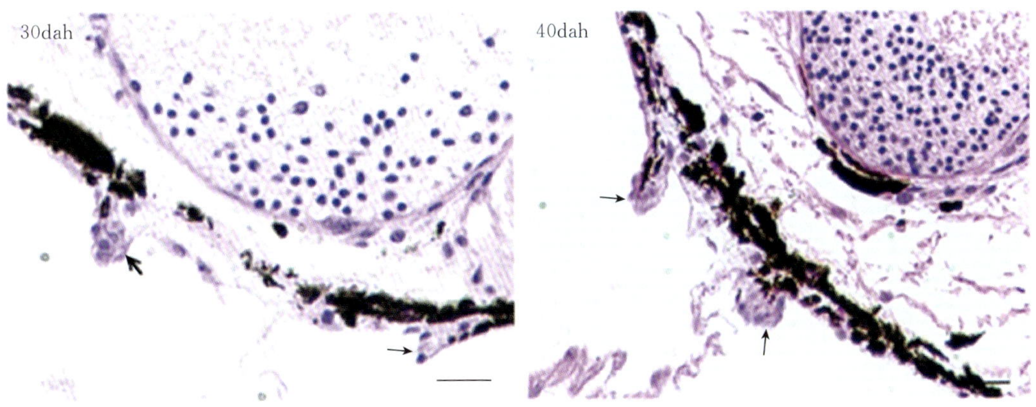

图 1-9　孵化后 30 d 和 40 d 红鳍东方鲀性腺 HE 切片

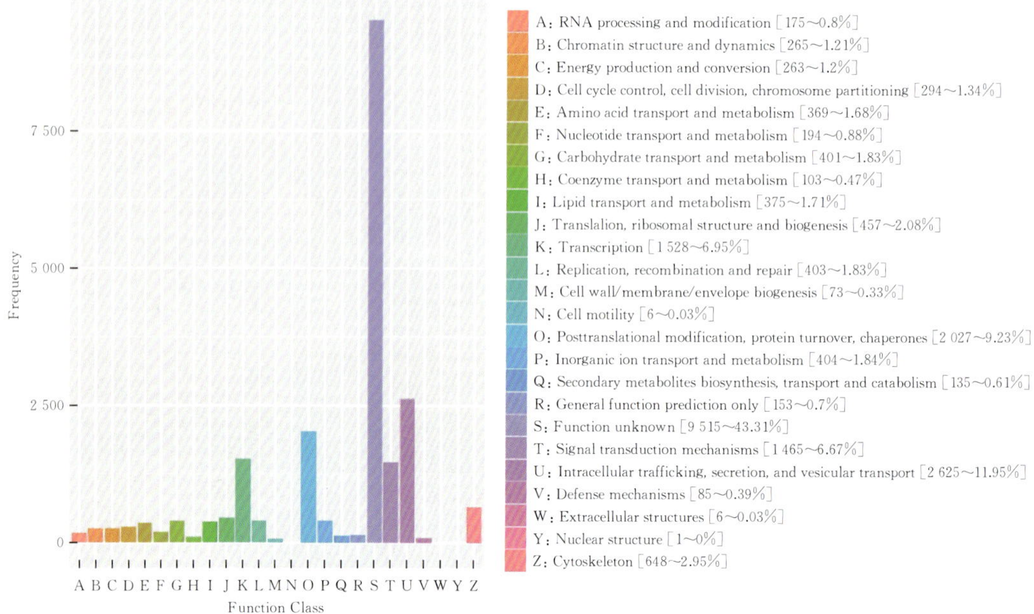

图 1－12　EggNOG 分析结果

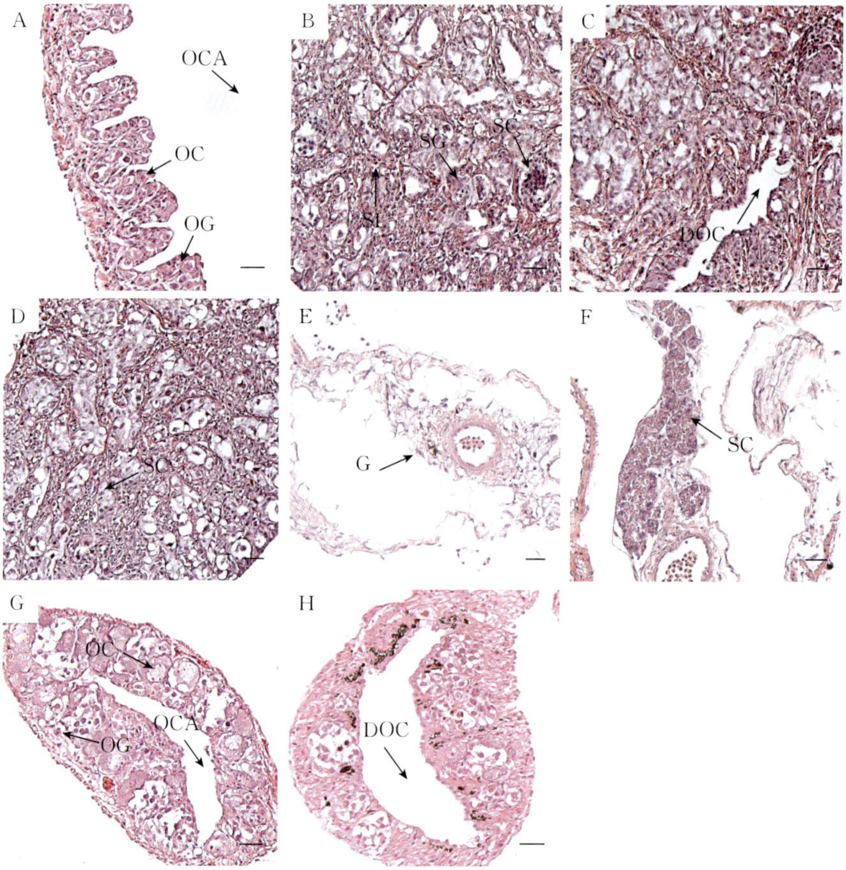

图 2－3　处理后 55 d 红鳍东方鲀性腺发育的组织切片

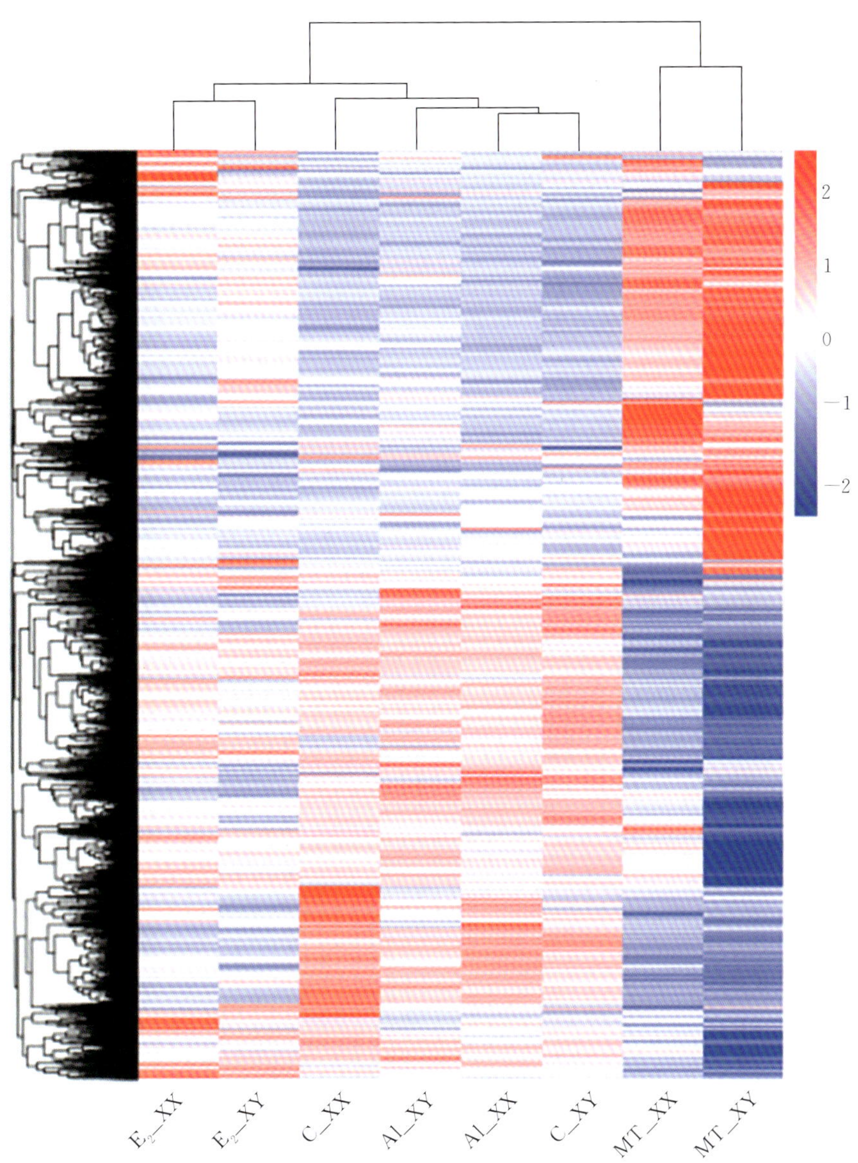

图 2-5　各样本间筛选得到的差异表达基因的热图分析结果

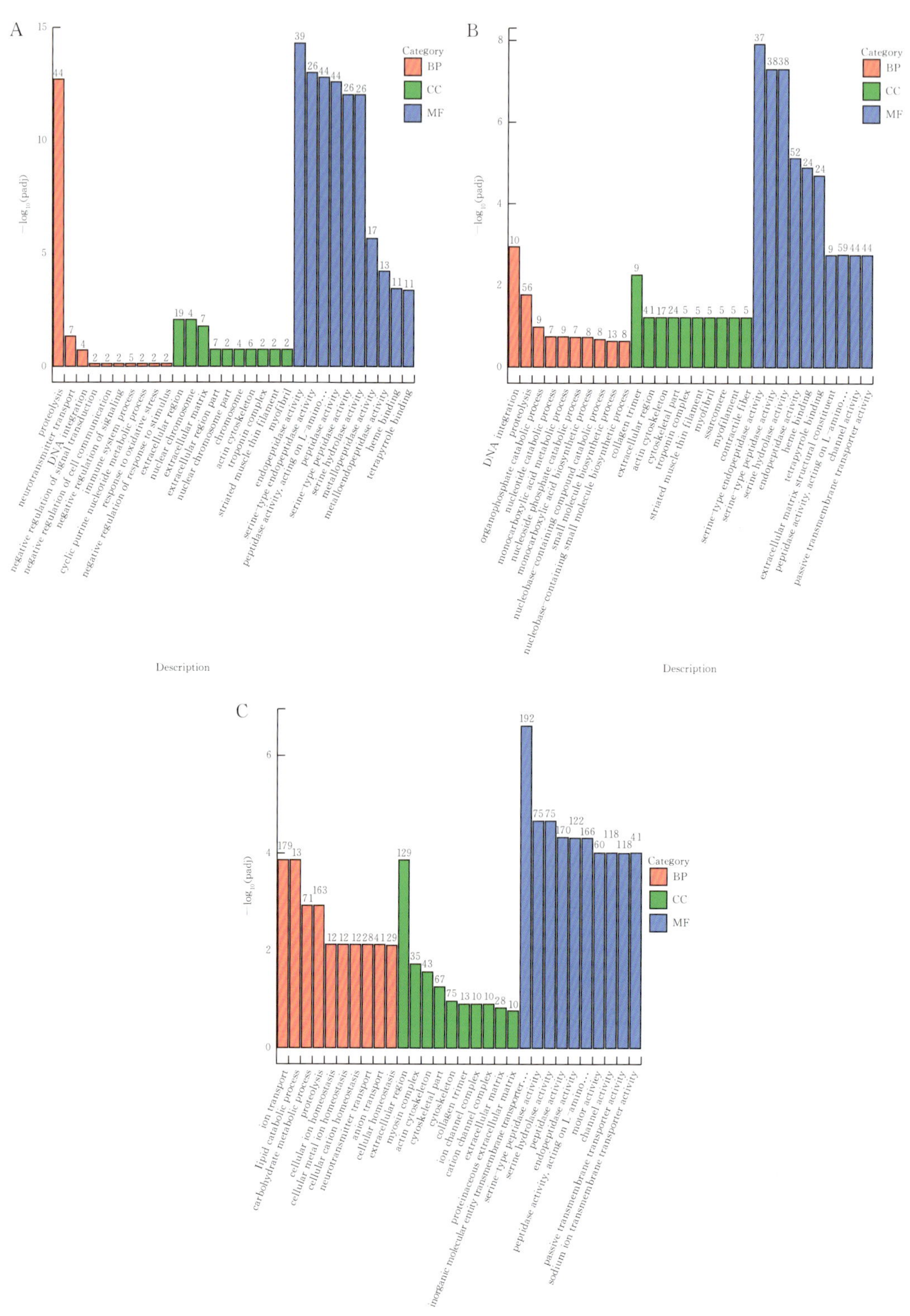

图 2-7 AI _ XX vs C _ XX（A）、E_2 _ XY vs C _ XY（B）和 MT _ XX vs C _ XX（C）的差异表达基因的 GO 富集分析

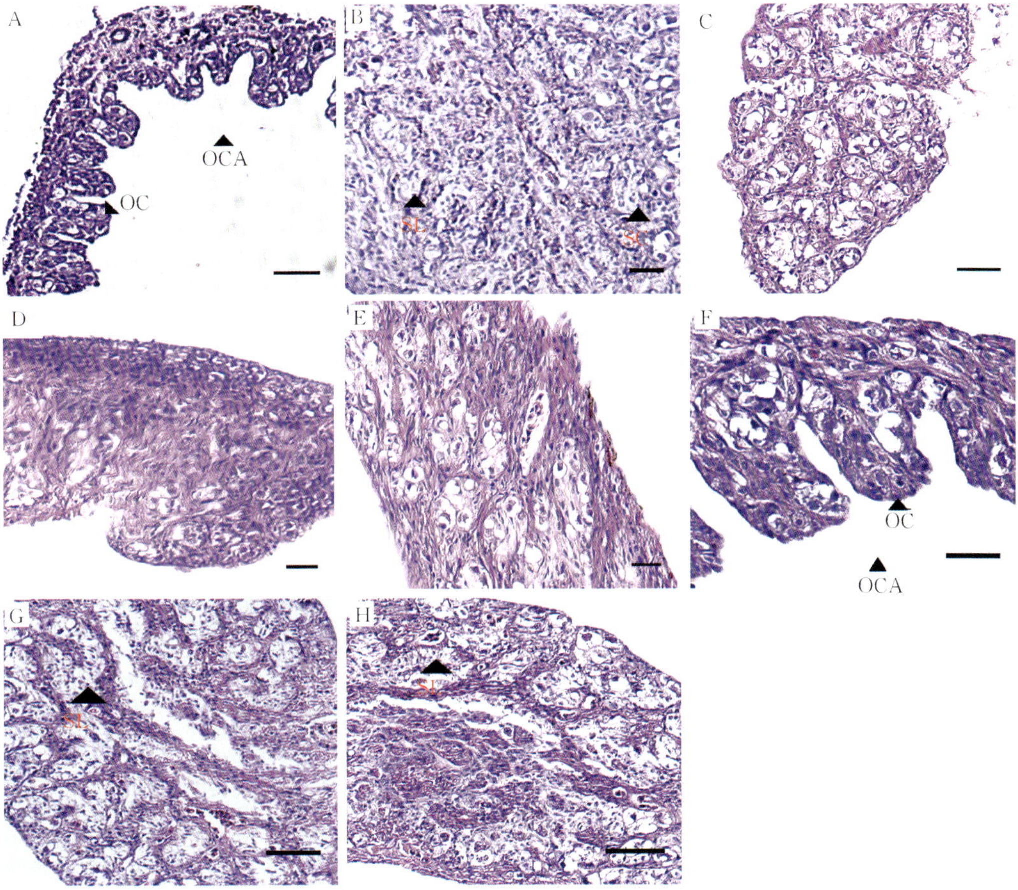

图 3-4　处理后 55 d 时红鳍东方鲀的性腺发育

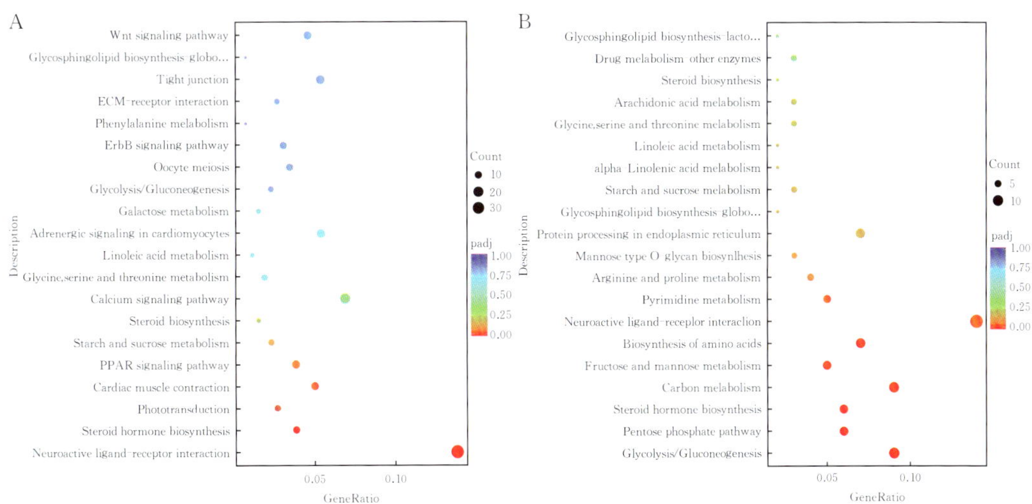

图 3-8　MET _ XX 与 C _ XX（A）以及 T4 _ XY 与 C _ XY（B）的差异表达基因的 KEGG 富集分析结果

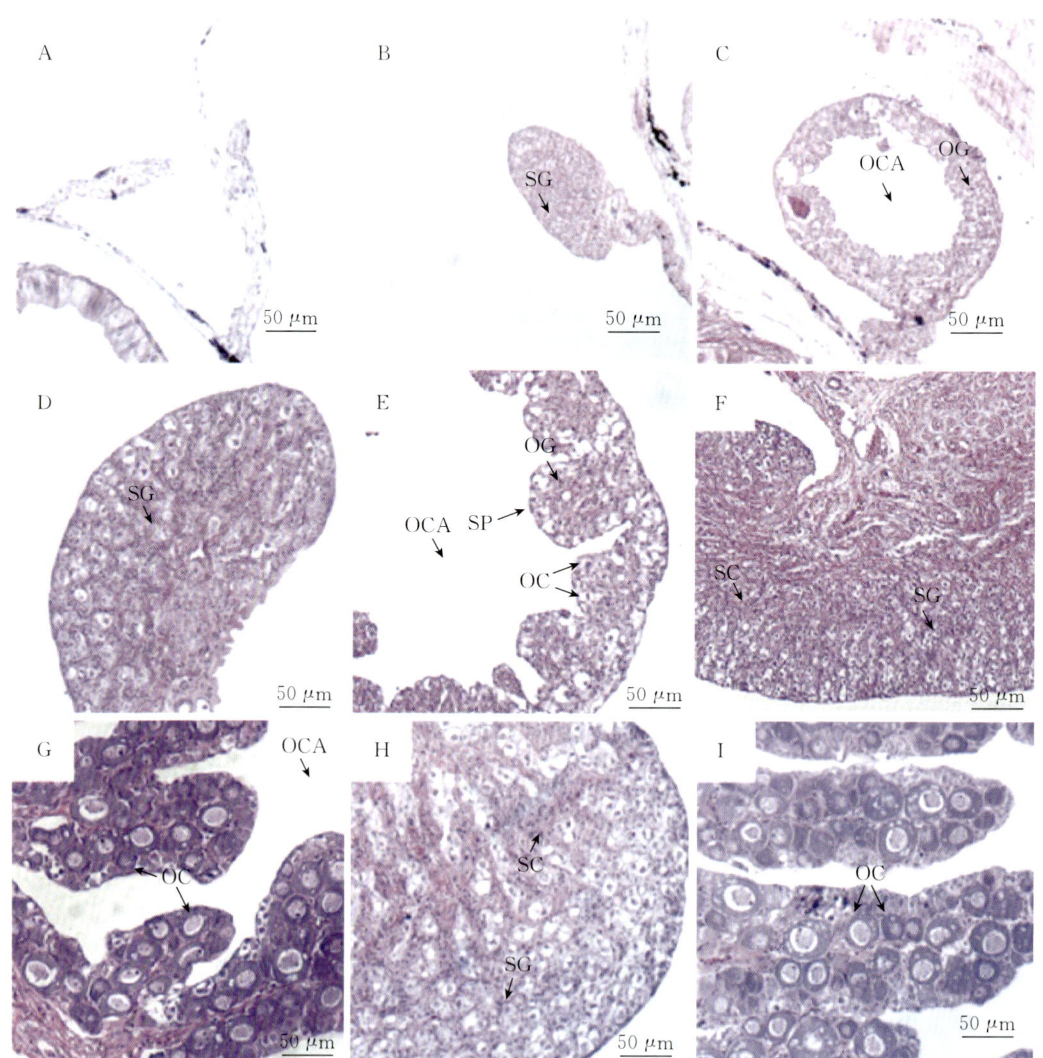

图 4－4　对照组幼鱼性腺组织学观察

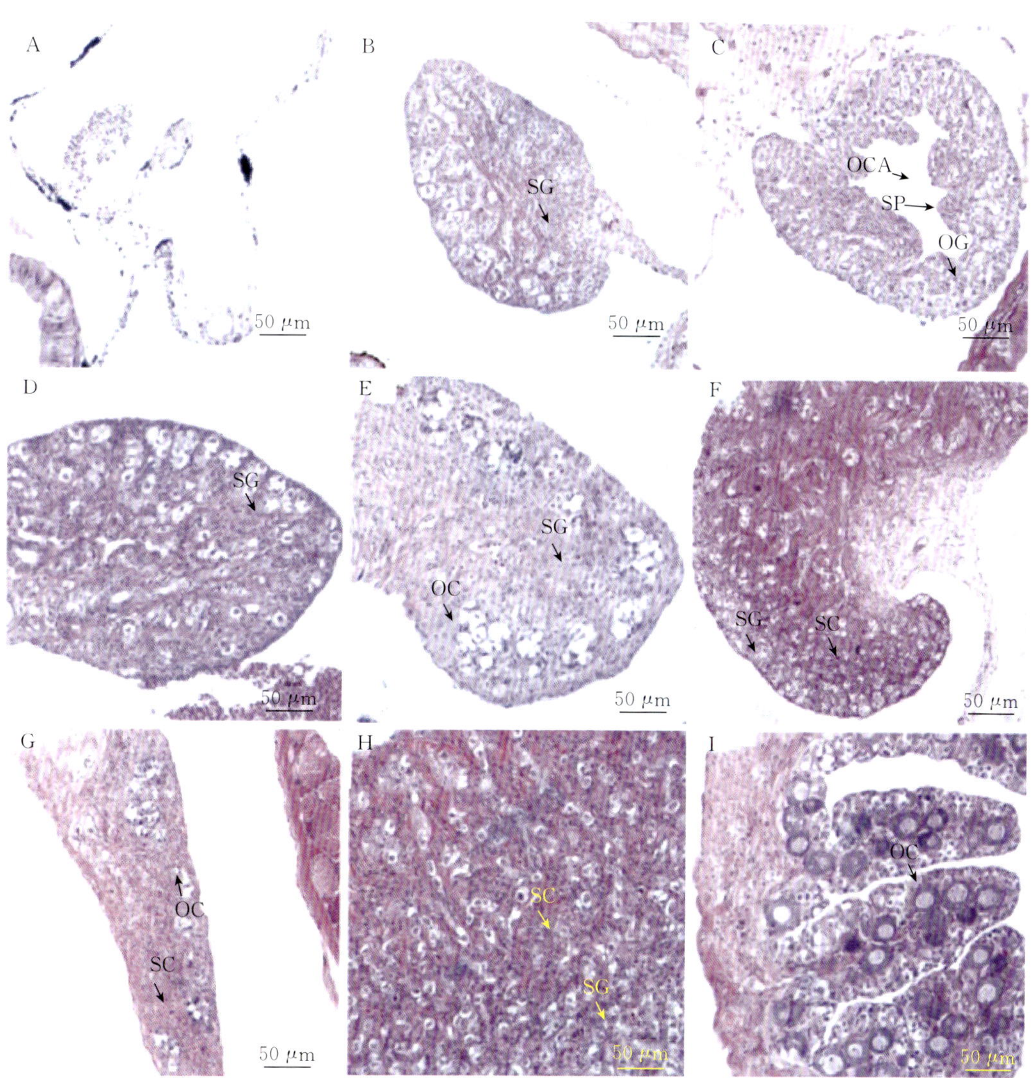

图 4-5　皮质醇处理组幼鱼性腺组织学观察

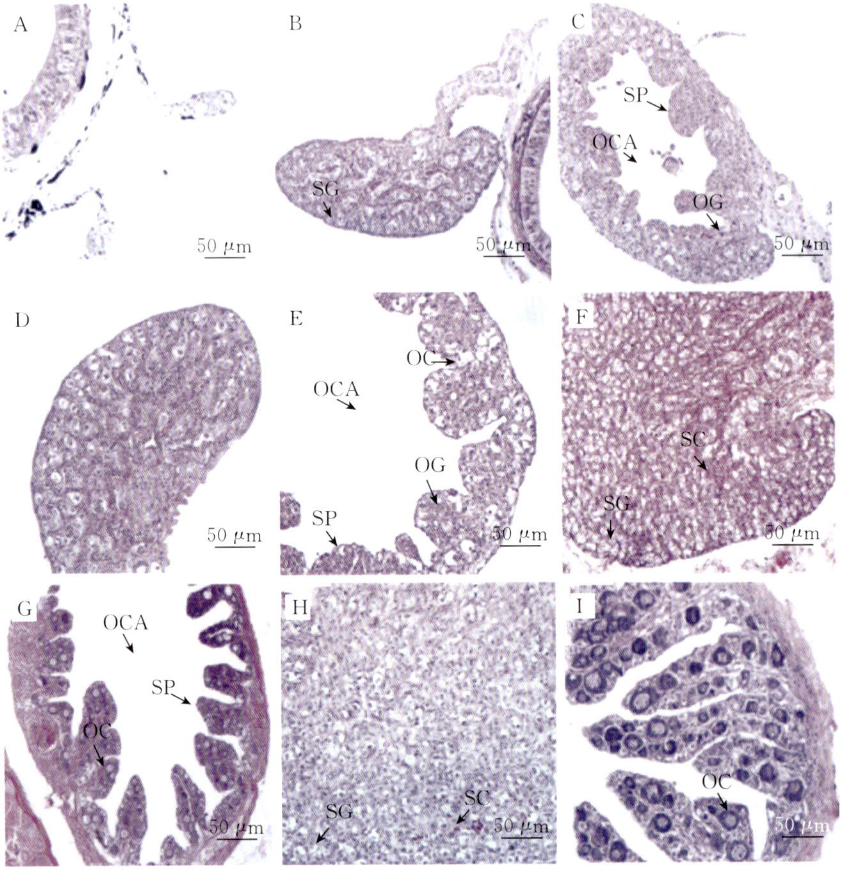

图 4-6　美替拉酮幼鱼性腺组织学观察

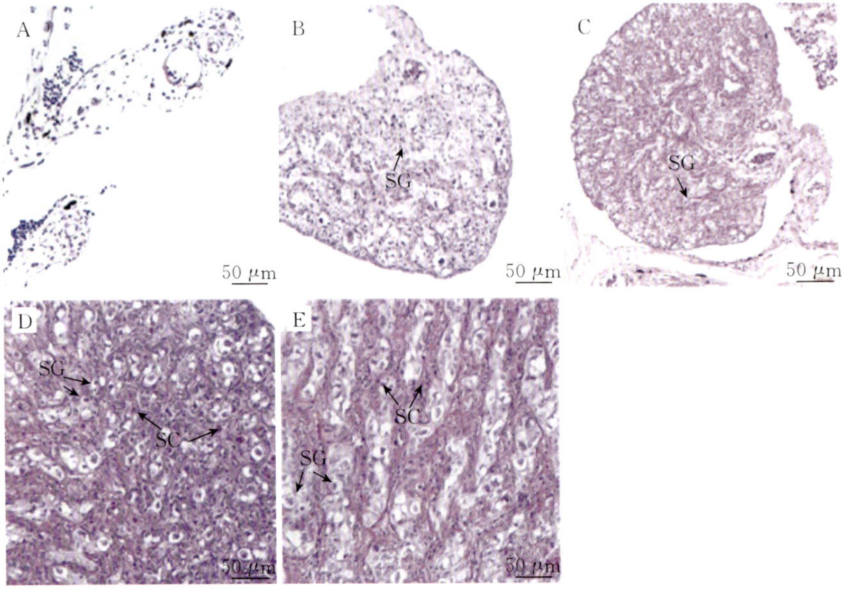

图 4-7　米非司酮组幼鱼性腺组织学观察